Exoplaneten

Sven Piper

Exoplaneten

Die Suche nach einer zweiten Erde

2. Auflage

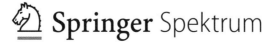

Sven Piper
Norbertstr. 4
59067 Hamm, Deutschland
sven.piper@astris.de

ISBN 978-3-642-37667-2   ISBN 978-3-642-37668-9 (eBook)
DOI 10.1007/978-3-642-37668-9

Die Deutsche Nationalbibliothek verzeichnet diese Publikation in der Deutschen Nationalbibliografie; detaillierte bibliografische Daten sind im Internet über http://dnb.d-nb.de abrufbar.

Springer Spektrum
© Springer-Verlag Berlin Heidelberg 2011, 2014

Planung und Lektorat: Dr. Vera Spillner, Imme Techentin
Einbandabbildung: Gary Tonge
Einbandentwurf: deblik, Berlin

Gedruckt auf säurefreiem und chlorfrei gebleichtem Papier

Springer Spektrum ist eine Marke von Springer DE. Springer DE ist Teil der Fachverlagsgruppe Springer Science+Business Media
www.springer-spektrum.de

*Für Olessja Mut (1980–2009), die leider viel
zu früh von uns gegangen ist.*

Geleitwort

Sollte die Menschheit das Glück haben, noch ein paar Tausend Jahre zu überleben, wird sie das vergangene Jahrtausend als die Zeit zweier großer Entdeckungen betrachten. Überseereisen in großen Schiffen zur Erforschung aller Kontinente und Inseln der Erde sind ein Tribut an unseren großen Entdeckerdrang. Auch die Reise von 1969 über den ausgedehnten Raum zwischen Erde und Mond hinweg repräsentiert diesen Geist – die Sehnsucht, das Unbekannte zu erforschen. Nicht weil es einfach oder gewinnbringend, sondern weil es schwierig und geheimnisvoll ist. Sicherlich liegt dieser menschliche Entdeckerdrang in unserer DNA begründet, verankert durch frühere Generationen, die nicht trotz sondern gerade aufgrund schwieriger Reisen überlebt haben.

Das vergangene Jahrtausend brachte auch Erkundungen anderer Art. Wissenschaftsorientierte Menschen nutzten hervorragende Instrumente, wie zum Beispiel Teleskope oder Mikroskope, um zu erforschen, ohne tatsächlich zu reisen. Copernicus, Kepler, Galileo und Newton demonstrierten das Potenzial, das sich aus der Kombination wundervoller wissenschaftlicher Geräte und einer sorgfältigen, kritischen Denkweise schöpfen lässt. Ihre Entdeckungen sind die Grundlagen jener vorausschauenden Fähigkeiten, die es der Menschheit ermöglichen, ihr Wissen durch einfaches Sammeln von Informationen und das Ableiten allgemeiner Beziehungen sowie einfacher Verbindungen zu erweitern.

Am Ende des 20. Jahrhunderts verbindet die Entdeckung von Planeten, die andere Sterne umkreisen, das vergangene mit dem gegenwärtigen Jahrtausend. Die Entdeckung Hunderter andere Sterne umkreisender Planeten repräsentiert den Höhepunkt der wissenschaftlichen Errungenschaften des vergangenen Jahrtausends. Ermöglicht wurde dies durch großartige Erfindungen, wie z. B. Teleskope und Computer, die Optik und fortgeschrittene Physik. Aber die Entdeckung neuer Welten um andere Sterne stellt auch eine Brücke in das nächste Jahrtausend dar. In den nächsten hundert Jahren wird es sicher immer schärfere Bilder dieser Planeten geben. So „entdecken" wir deren Kontinente, Inseln und Ozeane mit Hilfe virtueller großer Schiffe – nämlich der weltraumgestützten Teleskope. Wer kann daran zweifeln, dass wir Menschen in hundert Jahren wirkliche Schiffe bauen werden, die empfindliche Kameras, Instrumente und menschliche Memorabilien in diese andere Sterne umkreisenden Welten tragen werden. Dadurch wird die Menschheit beginnen, in der Galaxis aufzugehen, mit dem Ziel, auf den Sternen ihre physikalischen, chemischen und biologischen Wurzeln zu finden.

Schon in den nächsten 10 Jahren wird die Menschheit die ersten erdähnlichen Planeten entdecken – mit Kontinenten, Ozeanen, Seen und Temperaturen, die für die Darwinsche Evolution von organischen Verbindungen hin zu intelligenten Lebensformen geeignet sind. Die Kepler-Mission der NASA wird wahrscheinlich zu Dutzenden bewohnbaren erdähnlichen Planeten führen, deren Größe, Masse, und Temperatur die neuen Disziplinen der Exobiologie, Exogeologie, exo-atmosphärischen Wissenschaft und Exo-Ozeanografie enorm vorantreiben werden. Ebenso beeindruckend wird die Entdeckung neuartiger Welten sein, die wir uns noch gar nicht vorstellen können. Da wird es steinige Planeten mit erdgleicher Masse geben, jedoch bedeckt von tiefen Ozeanen, die zum Teil mehr Wasser als Fels aufweisen. Einige dieser erdähnlichen Planeten werden zu etwa gleichen Teilen aus Eisen, Fels, Wasser, Wasserstoff und Helium bestehen – anders als alle Welten, die wir in unserem Sonnensystem vorfinden. Einige dieser neuen Welten werden vorwiegend aus Eisen und Nickel bestehen, andere aus Wasserstoff und Helium. Und einige dieser Welten werden mehrere Monde und Ringe aufweisen, die im Sternenlicht wie exquisite, kosmische Juwelen funkeln.

Die großartigste Reise überhaupt haben wir jedoch gerade erst begonnen. Die Menschheit muss größte Anstrengungen unternehmen, um extraterrestrische, intelligente Zivilisationen in der Milchstraße aufzuspüren. Wir müssen großflächige Radioteleskopanlagen bauen, die selbst schwächste Radio- oder TV-Signale einer Zivilisation aus 100 000 Lichtjahren Entfernung – also vom anderen Ende unserer Galaxis – empfangen können. Weitere Teleskope sollten gebaut werden, um den Himmel nach intelligenten Lebensformen abzusuchen, die ultraviolettes, sichtbares und Infrarot-Licht nutzen. Wir Menschen werden eine halb entwickelte, biologische Kuriosität im Universum bleiben, solange wir uns nicht dem großen galaktischen Netzwerk wirklich fortgeschrittener Zivilisationen anschließen. Unsere galaktischen Nachbarn zu treffen bietet die Chance, Erkenntnisse, Kunst, Musik, Wissenschaft und Methoden zur Konfliktbewältigung zu teilen. Vielleicht hängt sogar das schiere Überleben unserer Art davon ab, dass wir weiterhin erdähnliche Planeten erforschen und deren Bewohnern die Hand schütteln – und sei es nur per Teleskopsignal.

Sven Pipers Buch erzählt in akkuraten Details von der herrlichen Suche nach anderen Welten. Es bietet dabei einen kurzen Blick auf die bisherige Vorgehensweise und einen Ausblick auf künftige Entwicklungen. Das Buch zeichnet die Geschichte vergangener Entdeckungen auf sowie die Abenteuer, die uns in der Zukunft gewiss sind – wenn wir nur weiter nach oben schauen.

University of California, Berkeley   Geoff Marcy
September 2010

Vorwort

Die Astronomie wird oft als die älteste Wissenschaft beschrieben, und seitdem die Menschheit ihr Nomadendasein aufgegeben hat und sesshaft wurde, starren Menschen in den Himmel und lassen sich von dem dort Erblickten faszinieren. Doch nicht nur das, denn kaum nachdem die Menschen gelernt hatten fruchtbares Land urbar zu machen, entwickelten sie die ersten Theorien vom Aufbau der Welt und schufen die ersten Religionen.

Mit dem Aufkommen der ersten Hochkulturen wurden die ersten Kalender entwickelt, die ersten Objekte am himmlischen Firmament nach den eigenen Gottheiten benannt und die ersten Überlegungen darüber angestellt, ob die Erde einzigartig wäre und menschenähnliche Wesen auch noch woanders existieren könnten.

Seit diesen Tagen hat sich die Menschheit technologisch erstaunlich schnell weiterentwickelt. 1610 richtete zum ersten Mal Galileo Galilei sein Teleskop auf den Planeten Jupiter und revolutionierte die Astronomie. Er entdeckte nicht nur die nach ihm benannten Galileischen Monde (Io, Europa, Kallisto und Ganymed) des Jupiters, sondern er fand auch heraus, dass das Band der Milchstraße aus vielen einzelnen Sternen besteht.

Im 18. Jahrhundert hievte Wilhelm Herschel, mit seinem selbst gebauten Teleskop, das seiner Zeit weit voraus war, die Astronomie auf eine neue Stufe und entdeckte den Planeten Uranus.

Durch mathematische Berechnungen und eine gezielte Suche nach weiteren Planeten im äußeren Sonnensystem wurde man auf den Planeten Neptun aufmerksam, der heute, nachdem Pluto offiziell nur noch als Zwergplanet zählt, der achte und letzte vollwertige Planet unseres Sonnensystems ist.

Doch damit nicht genug, mit den scharfen Augen des James-Webb-Weltraumteleskops, erdgebundenen Observatorien und zahlreichen weiteren Projekten in Planung, wie z. B. der Gaia-Mission, stehen wir vor einer neuen Revolution, denn mit den technischen Möglichkeiten der heutigen Zeit ist es nur noch eine Frage der Zeit, bis eine zweite Erde gefunden wird.

Über 800 extrasolare Planeten und über 2000 Planetenkandidaten wurden bereits entdeckt und der menschliche Entdeckerdrang kennt keine Grenzen. Aufgrund des technologischen Fortschritts ist die heutige Generation von

Menschen die erste, die eine realistische Chance hat, auf die Fragen, „ob wir allein im Universum sind" und „ob es eine zweite Erde gibt", eine Antwort zu finden.

Die Exoplanetenforschung ist ein sich schnell änderndes Forschungsfeld und in den zwei Jahren seit dem Erscheinen der Erstauflage dieses populärwissenschaftlichen Buches hat sich enorm viel getan. Weshalb auch der Inhalt des Buches angewachsen ist.

Zwar war der überwiegende Teil der Kritiken der Erstauflage positiv, dennoch habe ich mir auch die wenigen negativen Kritiken ganz genau angeschaut, um die neue Auflage gezielt zu verbessern.

Des Weiteren habe ich wie bei der vorherigen Auflage auch bei dieser Auflage darauf verzichtet, bei Inhalten die ich selbst z. B. für meine Webseite erstellt habe, mich selbst zu zitieren, da ich finde das es selbstverliebt wirken würde. Man möge mir diese „Eigenplagiate" nachsehen.

Hamm   Sven Piper
15. März 2013

Danksagung

Folgenden Personen möchte ich für ihre Mithilfe an diesem Buch danken, ohne sie wäre es nicht möglich gewesen, das vorliegende Buch zu schreiben: **Geoff Marcy** (University of California in Berkeley), **Helmut Lammer** (Österreichische Akademie der Wissenschaften), **Gordon Walker** (University of British Columbia), **Gero Rupprecht** (European Southern Observatory), **Debra Fisher** (Yale University), **Alex Wolszczan** (Pennsylvania State University), **Alan Gould** (University of California in Berkeley), **Michel Auvergne** (Observatoire de Paris), **Adam Showman** (University of Arizona), **Ashely Yeager** (W. M. Keck Observatory), **Alexandra von Lieven** (Freie Universität Berlin), **Dirk Schulze-Makuch** (Washington State University), **Mary J. Edwards** (Corning Incorporated), **Jean Schneider** (Observatoire de Paris), **Richard Stephenson** (University of Durham), **Cristian Beaugé** (Observatorio Astronómico de Córdoba) and last but not least **Mike E. Brown** (Caltech).

Inhalt

1
Geschichte der Planetensuche

*Zwei Dinge sind unendlich, das Universum und die menschliche
Dummheit, aber bei dem Universum bin ich mir noch nicht ganz sicher.*
Albert Einstein (1879–1955)

Seit Jahrtausenden blicken Menschen begeistert zum Himmel hinauf und
verewigten teilweise ihre Beobachtungen auf Felswänden, Lehm- oder Stein-
tafeln. So gibt es uralte Zeugnisse von Supernovae und Kometenerscheinun-
gen, Sonnen- und Mondfinsternissen. Dank dieser „Pioniere" der Astronomie
wurden die ersten Kalender entwickelt, und unsere Vorfahren bildeten für
die himmlischen Erscheinungen Monumente. Zahlreiche antike Kulturen benannten zudem die Sterne nach ihren Göttern oder schufen gar Mond- oder
Sonnenkulte.

Auch die Griechen benannten die himmlischen Gestirne nach ihren Göttern, doch waren sie anders als die meisten anderen Kulturen davon überzeugt, dass sie hinter das Geheimnis der himmlischen Objekte kommen
könnten. Einer dieser Neugierigen war Thales von Milet (625–550 v. Chr.).
Dieser erste moderne Wissenschaftler war davon überzeugt, dass nicht der
Wille der Götter hinter Katastrophen oder der Bewegung von himmlischen
Objekten steckt, sondern dass es Naturkräfte gibt, welche u. a. für Erdbeben
verantwortlich sind. Auch Aristoteles (384–322 v. Chr.) missfiel die Idee eines
göttlichen Wesens als Schöpfer und er war deshalb davon überzeugt, dass der
Kosmos seit unendlichen Zeiten besteht und unendlich lang fortexistieren
wird.[1]

Thales von Milet war es auch, der dem berühmten Mathematiker Pythagoras (570–510 v. Chr.) riet, nach Ägypten zu reisen, wo dieser viel über die
spirituellen Rituale der Ägypter und auch etwas über deren geometrisches
Wissen lernte. Pythagoras fand durch das Beobachten einer Mondfinsternis
heraus, dass die Erde eine Kugel ist und lernte außerdem auf seinen Reisen,
dass er neue Sterne sehen konnte je weiter er nach Süden kam. Er schrieb, dass
der Schattenabdruck der Erde auf dem Mond gekrümmt ist, und gründete

---
[1] Fahr (1998, S. 7).

später – wieder in Griechenland – eine geheime Schule, in der alle Schüler Vegetarier sein mussten und keine persönlichen Besitztümer haben durften. Nach dem Tod von Pythagoras besuchte eine aufstrebende Persönlichkeit die Schule und war von den dort unterrichteten Theorien zutiefst beeindruckt. Diese gründete 387 v. Chr. eine Philosophieschule in Athen, an deren Pforte stand: „Niemand darf eintreten, der nicht geometrisch denkt". Es handelte sich hierbei um niemand Geringeren als Platon (427–347 v. Chr.). Ferner hatte dieser keinen Zweifel daran, dass sich die Sonne, der Mond und die Planeten auf Kreisbahnen bewegen.[2]

Später bestimmte Eratosthenes (284–202 v. Chr.) als Erster mit ziemlicher Genauigkeit den Umfang der Erdkugel. Dazu stellte er am Tag der Sommersonnenwende in Alexandria einen Stab auf und maß die Länge des Schattens. Da er wusste, dass zum gleichen Zeitpunkt die Sonne in Syene senkrecht am Himmel steht und somit überhaupt keinen Schatten wirft, konnte er aus der Winkeldifferenz und Entfernung zwischen Alexandria und Syene den ungefähren Umfang der Erde berechnen. Wenige Jahre später stellte Hipparchos von Nicäa (190–120 v. Chr.) den ersten Sternenkatalog auf, der ein Maß für die Helligkeit von Sternen enthielt und das siderische Jahr bis auf sieben Minuten genau bestimmte, doch leider hat dieser Katalog die Zeit nicht überdauert.[3]

Das bedeutendste Werk der Antike, das bis heute erhalten geblieben ist, sind die Bücher des *Mathematike Syntaxis* (Mathematische Zusammenstellung) von Claudius Ptolemäus (100–175), welche aufgrund ihrer arabischen Übersetzung heute als „Almagest" bekannt sind und neben dem geozentrischen Weltbild, auch Beschreibungen von verschiedenen astronomischen Geräten enthalten und über viele Jahrhunderte als das Standardwerk galten.

Das geozentrische Weltbild, auch als Ptolemäische Weltbild bekannt, sah die kugelförmige Erde als Mittelpunkt des Universums an, das von allen anderen Himmelskörpern auf konzentrischen Sphären umkreist und deren äußerste Sphäre von den Fixsternen besetzt wird. Es stellte aber nicht nur die Erde, sondern auch den Menschen in den Mittelpunkt und ging davon aus, dass alle Bewegungen auf perfekten Kreisbahnen vonstatten gehen. Es wurde jahrhundertelang entschieden von der Kirche vertreten und Andersdenkende kamen schnell vor ein Inquisitionsgericht mit mitunter tödlichen Folgen.

Doch bereits Jahrhunderte zuvor kam ein anderer griechischer Gelehrter auf die Idee, dass nicht die Erde der Mittelpunkt des bekannten Universums ist, sondern die Sonne. Sein Name war Aristarchos von Samos (310–230 v. Chr.), kurz Aristarch. Er war ein Astronom und Mathematiker, welcher 310 v. Chr.

---

[2] Couper und Henbest (2007, S. 60–65).
[3] Cole (2006, S. 6).

auf der Insel Samos geboren wurde. Aristrach gilt als der „griechische Kopernikus", fand mit seinen Thesen zu seiner Zeit aber kaum Anerkennung. Ihm zu Ehren ist heute ein Plateau mit einem 40 km großen Krater auf dem Mond benannt.

Die einzige Arbeit, die von ihm die Zeit überdauert hat, ist *„Über die Größen und Abstände von Sonne und Mond"*, die aber auf einem geozentrischen Weltbild beruht und in der Aristarch versucht, die Größe der Sonne und des Mondes anhand eines trigonometrischen Verfahrens zu kalkulieren, wenn auch nicht wirklich richtig (1:20 statt 1:400), und auch ihre Entfernung zur Erde in Erdradien angibt. Aber an dieser Aufgabe sind auch alle anderen Astronomen der Antike wie Hipparchos von Nicäa oder auch Ptolemäus gescheitert.

Dass Aristarch in späterer Zeit aber von dem heliozentrischen Weltbild überzeugt war, wissen wir durch den berühmten Mathematiker, Physiker und Ingenieur Archimedes von Syrakus (um 287–212 v. Chr.), der die Hypothesen von Aristarch in einem seiner Werke (*Archimedis Syracusani Arenarius & Dimensio Circuli*) erwähnt. Demnach war Aristarch davon überzeugt, dass die Erde um die Sonne kreist und die Fixsterne sehr weit entfernt sein müssen, und man deswegen keine Parallaxe, die scheinbare Änderung der Position, sehen kann.

Bis sich letztendlich das heliozentrische Weltbild durchsetzte, sollte es noch viele Jahrhunderte dauern. Es wurde im 16. Jahrhundert von Nicolaus Copernicus (*De Revolutionibus Orbium Coelestium*, 1543) publiziert, der in Krakau, Bologna und Padua Mathematik, Medizin und Rechtswissenschaften studiert hatte. Das Buch wurde in seinem Todesjahr in Nürnberg gedruckt.[4]

Da Copernicus noch von Kreisbahnen ausging – erst Johannes Kepler erkannte, dass sich die Planeten auf Ellipsen bewegen – musste Copernicus zahlreiche Hilfskreise in sein System einführen, weshalb das heliozentrische Weltbild zunächst nicht genauer als das alte System war, jedoch erkannte Copernicus den richtigen Aufbau des Sonnensystems mit den damals bekannten Planeten.

Im Vorwort des Buches wird die neue Theorie nicht als Wahrheit, sondern als mathematische Spekulation verharmlost. Diese Worte stammen aber nicht von Copernicus, sondern wurden ohne dessen Wissen von Andreas Osiander (1498–1552) eingefügt. Copernicus hielt sein gedrucktes Lebenswerk zum ersten Mal an jenem Tag 1543 in den Händen, an dem er starb, und entging so einer größeren Auseinandersetzung mit der Kirche. Erst 1616 wurde das Buch von der katholischen Kirche auf den Index verbotener Bücher gesetzt, dem Index Librorum Prohibitorum, und das obwohl Copernicus nicht nur

---

[4] Feulner (2006, S. 22).

gläubiger Katholik, sondern auch Domherr zu Frauenburg war und sein Werk Papst Paul III. gewidmet hatte.[5]

Da das heliozentrische Weltbild im Einklang mit Isaac Newtons Gravitationstheorie stand, setzte es sich schließlich durch.

Giordano Bruno – Der Ketzer

Giordano Bruno wurde als Filippo Bruno 1548 in Nola bei Neapel, Italien geboren. Er war ein Philosoph, Mathematiker und Astronom, der das heliozentrische Weltbild und die Unendlichkeit des Universums vertrat und mit seinen unzeitgemäßen Ansichten viele moderne Entdeckungen der Kosmologie vorwegnahm und auch einen Beitrag zur biologischen Abstammungslehre leistete, welche Jahrhunderte später Charles Darwin (1809–1882) vollendete.

Von ihm stammt folgendes Zitat aus dem Jahr 1584: *„Es gibt unzählige Sterne und unzählige Erden, die alle auf dieselbe Weise um ihre Sonne rotieren, wie die sieben Planeten unseres Systems […] Die unzähligen Welten im Universum sind nicht schlechter und nicht weniger bewohnt als unsere Erde."*

Seine kosmologischen Theorien gingen somit weit über das kopernikanische Model hinaus. Er sah die Sonne nur als eines von vielen himmlischen Objekten an und glaubte, dass zahllose menschenähnliche Lebewesen im Weltraum existieren. 1600 wurde er für seine bahnbrechenden Theorien auf dem Scheiterhaufen verbrannt, nachdem er von der römischen Inquisition der Häresie für schuldig befunden worden war.[6]

Dabei trat er mit 15 Jahren zunächst in den Dominikanerorden von Neapel (St. Domenico Maggiore) ein und nahm den Namen Giordano an, nach Giordano Crispo, seinem Tutor. Doch schon bald geriet er in einen Konflikt mit der Ordensleitung. Er verweigerte sich der Marienverehrung und entfernte alle Heiligenbilder aus seiner Klosterzelle. Dennoch erhielt er 1572 mit 24 Jahren die Priesterweihe und studierte bis 1575 Theologie in Neapel.

1576 war Bruno auf der Flucht durch ganz Italien, da ihm eine Anklage wegen des Verdachts der Ketzerei drohte. Seine eigenen Ordensbrüder bezichtigten ihn Arianer zu sein, also einer Richtung des Christentums anzugehören, welche die Heilige Dreifaltigkeit ablehnte.[7] Er landete schließlich 1578 im calvinistischen Genf, wo er eine Anstellung als Korrekturleser in einer Druckerei fand, bereits zuvor war er aus dem Mönchsorden ausgetreten. Doch schon ein Jahr später, nach der Veröffentlichung einer antiaristotelischen Streitschrift, wird er erneut angeklagt, verhaftet und letztendlich ver-

---

[5] Lombardi (S. 12–13).
[6] Couper und Henbest (2007, S. 141–142).
[7] Baykal (2009, S. 32–33).

bannt, obwohl zu dieser Zeit schon das kopernikanische Weltbild (1543) bekannt war – von dem die Calvinisten aber nichts hielten, da nicht mehr die Erde im Mittelpunkt des Universums stand, sondern die Sonne.

In Toulouse (1580–1581) wurde er zum Doktor der Theologie ernannt und unterrichtete in Philosophie und Astronomie. Doch aufgrund der Auseinandersetzungen zwischen Hugenotten und Katholiken landete er wenig später in Paris, wo er sich schnell einen Namen als Universalgelehrter machte und durch König Heinrich III. gefördert wurde.

Von 1583–1585 weilte er, mit einem Empfehlungsschreiben von Heinrich III. ausgestattet, in England und verfasste mehrere Bücher, darunter auch das Buch *De l'Infinito Universo et Mondi* (Vom Unendlichen, dem All und den Welten, 1584), in dem er sagte, dass die Sterne wie unsere Sonne seien, das Universum unendlich sei und es eine unendliche Anzahl an Welten gebe, die mit einer unendlichen Anzahl intelligenter Lebewesen bevölkert seien.

Im Oktober 1585 wurde die französische Botschaft in London von einem Mob angegriffen und Bruno kehrte daraufhin nach Paris zurück, wo er sich mit seiner ablehnenden Haltung über die aristotelische Lehre, ebenso wie in England, aber keine Freunde machte. Ein Jahr später verließ er daraufhin Frankreich in Richtung Deutschland, wo er eigentlich in Marburg unterrichten wollte, diese Position aber nicht bekam und fortan in Wittenberg unterrichtete, wo er Vorlesungen u. a. über Aristoteles gab. Ferner schrieb er hier mehrere neue Schriften und auch zwei Bücher über Logik und Gedächtniskunst, die von Gottfried Wilhelm Leibniz fortgesetzt werden sollten.

Nachdem die religiösen Mehrheitsverhältnisse 1588 an der Universität wechselten, ging er nach Prag und kurz darauf als Professor ins niedersächsische Helmstedt. Doch musste er bald wieder fliehen, als er von den Lutheranern aufgrund seiner Lehren exkommuniziert wurde.

1591 lebte er in Frankfurt, aber nicht ohne sich auch hier mit den Stadtoberen anzulegen. Während der Frankfurter Buchmesse erhielt er eine Einladung vom Patrizier Giovanni Mocenigo, nach Venedig zurückzukehren, welcher in der Kunst des Erinnerns unterrichtet werden wollte und außerdem von einem offenen Lehrstuhl in Mathematik an der Universität in Padua berichtete. Bruno nahm an, in dem Gedanken, dass die Inquisition das Interesse an ihm verloren hätte, letztendlich ein tödlicher Irrtum.

Den Posten für Mathematik an der Universität in Padua bekam er nicht, dieser ging an einen anderen berühmten Zeitgenossen, Galileo Galilei, welcher ebenfalls ein aufsehenerregendes Verfahren vor der römischen Inquisition 1633 hatte, aber mit einer Abschwörung von seiner Lehre, sein Leben rettete. So unterrichtete Bruno Mocenigo zwei Monate in seinem Haus. Als Bruno plante Venedig zu verlassen und Mocenigo offenbar unzufrieden mit dem erhaltenen Unterricht war, dieser hatte wohl eine Unterweisung in

„magischen Künsten" erwartet, denunzierte er Bruno bei der venezianischen Inquisition, die ihn am 22. Mai 1592 verhaftete. Es wurden gegen ihn verschiedene Anklagepunkte erhoben, darunter auch Blasphemie und Häresie. Bruno verteidigte sich geschickt und unterstrich den philosophischen Charakter seiner Überzeugungen und wies andere Anschuldigungen ab.

Die römische Inquisition bekam Wind von der Inhaftierung von Bruno und beantragte seine Überstellung und nach einigen Monaten wurde Bruno im Februar 1593 nach Rom gebracht.

In Rom wurde er 7 Jahre im Zuge seiner langatmigen Verhandlung in der Engelsburg inhaftiert, und auch wenn wichtige Dokumente über diesen Prozess verloren gegangen sind, gibt es doch noch ein paar Dokumente, welche Aufschluss über die Geschehnisse geben. Zwar war Bruno bereit, teilweise zu widerrufen, doch lehnte er die Gottessohnschaft Christi und die Erwartung des Jüngsten Gerichts ab. Auch an seiner Behauptung „vieler Welten" hielt er fest.

Bruno reagierte auf das Urteil mit seinem berühmt gewordenen Satz: *„Mit größerer Furcht verkündet Ihr vielleicht das Urteil gegen mich, als ich es entgegennehme."*

Weswegen er am 17. Februar 1600 auf der Campo de' Fiori als Ketzer, mit festgebundener Zunge, auf dem Scheiterhaufen verbrannt, die Asche in den Tiber geworfen und alle seine Werke auf den Index gesetzt wurden (Glücklicherweise droht heute so ein Schicksal nur noch fiktiven Figuren wie dem Rektor der Springfielder Grundschule Seymour Skinner aus der Serie „Die Simpsons", z. B. in der Folge „Springfield-Film-Festival", wenn er seinen Mitbürgern erzählt, dass sich die Erde um die Sonne dreht).

Im Jahre 1889, als der Einfluss der Kirche auf Rom zurückging, wurde eine Statue von Giordano Bruno, dank der Freimaurer der *Grande Oriente d 'Italia* und gegen den Willen des damaligen Papstes Leo XIII., auf dem Campo de' Fiori errichtet. Im Jahr 2000 erklärten der päpstliche Kulturrat und eine theologische Kommission seine Hinrichtung für Unrecht, ohne Giordano Bruno aber vollständig zu rehabilitieren. Seit März 2008 steht auch in Berlin am Bahnhof Potsdamer Platz eine Statue von Giordano Bruno, die seinen Tod auf dem Scheiterhaufen symbolisieren soll.[8]

Die Erschütterung des Weltbildes

1572 gab es ein außergewöhnliches Ereignis. Im Sternbild Cassiopeia ereignete sich eine Supernova und dies wurde unter anderem von dem Astronomen Tycho Brahe (1546–1601) gesehen. Dies stellte das damalige Weltbild auf den

---

[8] http://bruno–denkmal.de/ (01.01.2010).

Kopf, denn eine Veränderung der Fixsterne erschütterte die Grundfesten der Astronomie (zwar wurden zuvor schon zahlreiche ähnliche Ereignisse beobachtet, wie z. B. die Supernova 1054, aber dieses Wissen ging in Europa verloren).

Brahe war ein talentierter Entwickler von Messinstrumenten und hatte das Glück, dass der dänische König Friedrich II. sein Förderer wurde und ihm die Insel Hven überließ, auf der er ein Observatorium einrichten konnte.

Er gilt als einer der wichtigsten Astronomen vor dem Zeitalter des Teleskops. Doch wäre es beinahe nicht dazu gekommen, denn am 29. Dezember 1566 duellierte sich Tycho Brahe mit einem anderen dänischen Edelmann und verlor dabei nur ein Stück seiner Nase und nicht sein Augenlicht. Grund soll der Streit um eine mathematische Formel gewesen sein. Seitdem trug er eine aus Gold und Silber gefertigte Nachbildung des fehlenden Stückes, weshalb seine Nase auf Porträts immer etwas eigenartig aussieht.

Im Jahr 1584 begann Brahe in der Nähe der Stadt Uraniborg ein neues Beobachtungszentrum zu bauen, das Observatorium von Stjerneborg und die gesammelten Daten von Tycho Brahe ermöglichten nach seinem Tod seinem Assistenten Johannes Kepler, bahnbrechende Aussagen über die Bahnmechanik zu entwickeln.

Die Erfindung des Teleskops

Wohl keine Erfindung hat die Astronomie so verändert wie die des Teleskops. Im Jahr 1608 baute der Holländer Hans Lipperhey (1560–1619) das erste Fernrohr, das eine drei- bis vierfache Vergrößerung erlaubte. In den folgenden Jahren fand das Teleskop rasch in Europa Verbreitung, auch weil der Erfinder hierauf kein Patent erhielt. Zwar sind alle Planeten unseres Sonnensystems, mit Ausnahme von Uranus und Neptun, leicht mit bloßem Auge in einer sternenklaren Nacht erkennbar, da sie anders als die Sterne nicht flackern und zudem auf der Ekliptik liegen, dennoch leitete das Teleskop eine völlig neue Astronomie ein.

Bereits im 13. Jahrhundert träumte der englische Philosoph Roger Bacon von so einer Erfindung und die Grundlagen der Optik reichen zurück bis in die Antike. Euklid (360–280 v. Chr.) und Ptolemäus lieferten hierzu die Vorarbeiten, auch Archimedes beschäftigte sich mit der Optik und die Forscher diskutieren noch heute darüber, ob seine Brennspiegel, mit denen er die feindliche römische Flotte vor Syrakus besiegt haben soll, tatsächlich existierten. Später war es Ibn al-Haytham, der besser bekannt ist unter den Namen Alhazen, der im 11. Jahrhundert eines der bedeutendsten Werke zur Optik verfasste.[9]

---

[9] Dupre (2009, S. 33–34).

Galileo Galilei – „Und sie bewegt sich doch"

Im Herbst 1609 revolutionierte Galileo Galilei (1564–1642) die Astronomie, als er sein kleines Teleskop zum ersten Mal gen Himmel richtete. Sein Teleskop, das ein Nachbau des holländischen Teleskops war, das aber gleich von ihm verbessert wurde, erreichte zunächst eine neunfache,[10] später sogar eine 30-fache[11] Vergrößerung. Über Nacht verwandelte sich die bis dahin glatte Oberfläche des Mondes in eine zerklüftete Kraterlandschaft. Der Planet Jupiter, mit seinen Galileischen Monden, fast in ein eigenes Sonnensystem und die Milchstraße in eine Ansammlung von Sternen. Ferner war Galilei einer der ersten, der die Venusphasen beobachtete.

Schnell wurde klar, dass diese Entdeckungen nicht zum damals dominierenden Weltmodell des griechischen Gelehrten Aristoteles passten und seine Veröffentlichung des Werkes *Sidereus Nuncius* (der Sternbote) am 12. März 1610 stieß bei vielen Gelehrten auf wenig Gegenliebe, jedoch untermauerte Johannes Kepler Galileis Arbeit noch im gleichen Jahr mit einer eigenen Publikation.[12] Es sollte dennoch Jahrzehnte dauern, bis das 1543 aufgestellte kopernikanische Weltbild seinen Durchbruch hatte.

Galilei, der eigentlich Arzt werden sollte, sein Studium aber abgebrochen hatte, nahm zunächst 1589 einen Lehrstuhl für Mathematik in Pisa an und wechselte 1592 durch die Fürsprache Guidobaldo del Montos, mit dem Galilei auch einige wissenschaftliche Experimente zur Ballistik durchführte, an die damals weltberühmte Universität von Padua, die zum Einflussbereich von Venedig gehörte. Aufgrund seiner steigenden Bekanntheit erhielt Galilei auch Zugang zu exklusiveren Kreisen und wurde so der Hofphilosoph der Medici.[13] Bereits 1590 veröffentlicht Galilei seine erste Arbeit, ein Kommentar zum Almagest des Ptolemäus' und hielt hierüber auch Vorlesungen, bei denen sich Galilei aber zunächst sehr bedeckt hielt. Am 4. August 1597 schrieb er Johannes Kepler: „*Ich würde es gewiß wagen, der Öffentlichkeit meine Überlegungen vorzutragen, gäbe es mehr Menschen von ihrer Art. Da dies nicht der Fall ist, halte ich mich zurück.*"[14,15]

Doch brachte ihm seine zunehmende Berühmtheit, trotz seiner zurückhaltenden Art, ernste Schwierigkeiten ein und dies, obwohl Galilei ein überzeugter Katholik war. Während die Jesuiten anfänglich seinen Ergebnissen aufgeschlossen gegenüberstanden, sahen konservativere Kirchenkreise seine Arbeit

---

[10] Dupre (2009), S. 41.
[11] Strano (2009), S. 22.
[12] Lombardi (S. 22).
[13] Renn (2009, S. 14–21).
[14] Hemleben (2006, S. 25).
[15] Hemleben (2006, S. 36).

mit Argwohn, und so kam es, dass Galileo Galilei zunächst von der Kirche zensiert und später auch mit einem Inquisitionsverfahren belegt wurde.[16]

Zunächst allerdings kam am 24. Februar 1616 eine Gruppe von elf Theologen und Beratern des Heiligen Offiziums zusammen, um über das kopernikanische Weltbild zu diskutieren. Die Theologen kamen zu dem Schluss, dass dieses aus philosophischer Sicht widersinnig und aus formaler Sicht ketzerisch sei oder zumindest im Widerspruch zu der Heiligen Schrift steht. Dies führte dazu, dass die Indexkongregation beschloss, dass das kopernikanische Werk überarbeitet werden musste und bis dahin suspendiert wurde, doch dies war immerhin besser als das Schicksal zwei anderer Werke, die versuchten die Heilige Schrift mit den neuen astronomischen Kenntnissen zu vereinbaren, diese wurden nämlich gleich verboten. Ferner wurde der Jesuit Robert Bellarmin (1542–1621), welcher auch am Prozess gegen Giordano Bruno maßgeblich beteiligt war, dazu auserkoren, Galileo Galilei zu ermahnen, dass er nicht mehr lehren sollte, dass die Erde um die Sonne kreist und die Sonne der Mittelpunkt des Sonnensystems ist.[17,18]

Dies war jedoch nur der Anfang, denn am 22. Juni 1633 wurde Galileo Galilei von der Inquisition im Festsaal des römischen Klosters St. Maria sopra Minerva, dem gleichen Ort, wo Giordano Bruno 33 Jahre zuvor kniend sein Todesurteil erhalten hat,[19] eigentlich zu Haft verurteilt, kurz darauf aber unter lebenslangen Hausarrest gestellt, sein Hauptwerk (Dialog über die beiden hauptsächlichen Weltsysteme) verboten, für dessen Publizierung er im Jahr 1630 noch die kirchliche Zustimmung erhalten hatte, und seine wichtigsten Überzeugungen als ketzerisch gebrandmarkt. Hätte Galilei im Verlauf des Prozesses gegen ihn nicht seine Lehre widerrufen und ihr abgeschworen, wäre ihm sicherlich ein ähnliches Schicksal wie Giordano Bruno widerfahren.[20] Ob Galilei im Zuge des Prozesses auch gefoltert wurde und deswegen widerrief, lässt sich heute nicht mehr eindeutig sagen. Fakt ist jedenfalls, das ihn mindestens zweimal mit Folter gedroht wurde und ein Satz im Urteil lautet: „*Da es uns schien, daß Sie nicht die volle Wahrheit über Ihre Absicht sagten, hielten Wir es für nötig, gegen Sie mit peinlichem Verhör vorzugehen.*"[21]

In den letzten Jahren seines Lebens war Galilei fast komplett erblindet, dennoch konnte er die Arbeiten an seinem bedeutenden Werk *Discorsi e dimostrazioni matematiche intorno a due nouve scienzi* (Unterredungen und mathematische Demonstrationen über zwei neue Wissenschaften) beenden, das als eines der wichtigsten Werke der klassischen Physik gilt. Da es nicht im

---

[16] Feldhay (2009, S. 84–85).
[17] Feldhay (2009, S. 90–91).
[18] Hemleben (2006, S. 69).
[19] Hemleben (2006, S. 8).
[20] Nenci (2009, S. 94).
[21] Hemleben (2006, S. 129).

Einflussbereich der katholischen Kirche erscheinen konnte, wurde es 1638 nach Holland geschmuggelt und in Leiden publiziert.

Galilei prägte mit seinen Werken nicht nur die Astronomie, sondern lieferte auch bedeutende Schriften über die Lehre vom freien Fall und des Prinzips der Schwerkraft, sowie über die Bewegung von Körpern auf der schiefen Ebene und gilt wegen seiner modernen Forschungsmethoden mit einer wissenschaftlichen Beweisführung neben Isaac Newton als der Begründer der modernen Physik.

Noch heute ist dieser Fall das Paradebeispiel für den Konflikt zwischen Religion und Wissenschaft, zwischen Glauben und Verifizierbarkeit. Auf der einen Seite das dogmatische Festhalten an einem bestimmten Weltbild und auf der anderen Seite die Vernunft. Man kann Galilei eine gewisse Naivität nicht absprechen. Er hat mehr als einmal die Lage falsch eingeschätzt und seine Kritiker und die Macht und Beharrlichkeit der Inquisition zu Zeiten der Gegenreformation unterschätzt. Wäre er in Venedig geblieben und hätte dort seine Werke drucken lassen, wäre es wohl nie zum Fall Galilei gekommen, da er dort durch die Dynastie der Medici einen mächtigen Verbündeten hatte, doch leider zog es ihn ab 1610 nach Florenz und auch mehrfach nach Rom. Galilei vertraute wohl auf die Überzeugungskraft seiner wissenschaftlichen Beweise und wohl auch auf seine Vertrauten innerhalb der katholischen Kirche, zu denen auch zeitweise Papst Urban VIII. gehörte. Dass andere „Forscher", die diese Bezeichnung eigentlich nicht verdienen, ihn mehrfach diskreditierten und gegen ihn intrigierten, und auch der Machtkampf der Dominikaner gegen die Jesuiten nicht gerade förderlich für ihn war, besiegelte dann letztendlich sein Schicksal. Inwieweit es eine Rolle gespielt hat, dass Galilei seine Arbeiten auf Italienisch, und damit in der Sprache des einfachen Volkes, und nicht auf Lateinisch, der Gelehrtensprache, publiziert hat, lässt sich heute leider nicht mehr sagen. Fakt ist aber, dass alle Wissenschaftler im Einzugsbereich der Inquisition unter dem Urteil zu leiden hatten, da diese verschärft überwacht wurden und sich deshalb in Selbstzensur übten. So verzichtete der Philosoph René Descartes (1596–1650) auf die Veröffentlichung seines Werkes „Die Welt, oder Abhandlung über das Licht".[22]

Im November 1992, 350 Jahre nach seinem Tod, wurde Galileo Galilei von Papst Johannes Paul II. rehabilitiert. Interessant zu erfahren ist vielleicht noch, dass Galilei, obwohl über die private Seite seines Lebens wenig bekannt ist, drei uneheliche Kinder mit Marina Gamba hatte, mit der er von 1599 bis 1610 eine Liaison hatte. Seine beiden Töchter, Virginia und Livia, wurden Nonnen und nur sein Sohn Vincenzo, benannt nach Galileis Großvater und das jüngste der drei Kinder, heiratete selbst und war mit seiner Frau an Galileos Sterbebett zugegen, ebenso wie zwei Vertreter der Inquisition.[23]

---

[22] Nenci (2010, S. 50).
[23] Hemleben (2006, S. 151).

Johannes Kepler

Keplers Leben ist von zahlreichen Widrigkeiten geprägt. Er litt lange unter finanzieller Not, hatte keine besonders guten Augen und wurde als Lutheraner während der Gegenreformation häufig verfolgt und verließ so zum Beispiel Graz gegen Ende des 16. Jahrhunderts wegen religiöser Intoleranz, die ihm insbesondere in den Wirren des Dreißigjährigen Krieges (1618–1648) mehr als einmal wiederfahren sollte. Er nahm eine Assistentenstelle bei dem berühmten dänischen Astronomen Tycho Brahe in Prag an.[24] Auch wenn es zwischenzeitlich zu einem Disput kam, der Kepler dazu veranlasste zeitweise das Observatorium zu verlassen, da Brahe seine zahlreichen Assistenten oft mit wenig Respekt behandelte,[25] war diese Zusammenarbeit insgesamt außerordentlich fruchtbar.

Nach dem Tod von Tycho Brahe wurde Kepler umgehend zum kaiserlichen Mathematiker ernannt und blieb noch einige Jahre in Prag. 1609 erschien sein berühmtestes Werk *Astronomia nova* (Neue Astronomie), an dem er mehrere Jahre gearbeitet hatte. Es enthielt die ersten beiden Gesetze der Keplerschen Bahnmechanik. Im ersten Gesetz steht, dass die Planeten unseres Sonnensystems auf elliptischen Bahnen kreisen und dass die Sonne in einem gemeinsamen Brennpunkt steht und dies ist insofern schon einmal außergewöhnlich, da die meisten Planetenumlaufbahnen in unserem Sonnensystem eine nur geringe Exzentrizität aufweisen. Im zweiten Gesetz heißt es, dass die Verbindungsgerade von Sonne zu Planet in gleichen Zeiten die gleichen Flächen überstreicht, und diese Aussage ist ein Beispiel für den Dreherhaltungssatz.

In den Jahren 1615–1621 wird Keplers 69-jährige Mutter in einem Hexenprozess vor Gericht angeklagt und war über ein Jahr inhaftiert. Zwar musste sie auch eine „eindringliche Befragung" überstehen, in der ihr die Folterinstrumente vorgeführt wurden, doch glücklicherweise wurde sie letztendlich, wohl aufgrund der hohen Reputation Johannes Keplers, freigesprochen und entkam somit dem Scheiterhaufen, anders als Keplers Großtante und Dutzende anderer Frauen aus seinem Geburtsort Weil der Stadt.[26]

Es ist davon auszugehen, dass diese Periode Spuren bei Johannes Kepler hinterlassen hat, dennoch veröffentlichte er 1618 die *Harmonice mundi libri V*,[27] welches das dritte Gesetz der Planetenbewegung enthielt. Dieses Gesetz spielt in Verbindung mit der Newtonschen Gravitationskonstante auch heute noch bei der Bestimmung der Parameter eines Exoplaneten eine fundamentale Rol-

---

[24] Lombardi (S. 22).
[25] Ebenda (S. 28).
[26] Ebenda (S. 61–67).
[27] Ebenda (S. 82).

le. Es besagt, dass die Quadrate der Umlaufzeiten der Planeten sich verhalten wie die Kuben der großen Halbachsen auf ihrer Bahn um die Sonne. Dieses Gesetz ergibt sich aus dem Ansatz: Zentripetalkraft = Gravitationskraft. Doch erlitt Kepler 1619 schon den nächsten Rückschlag, als der Vatikan sein Werk *Epitome astronomiae copernicanae* verbot, indem er die Überzeugung vertrat, dass auch unsere Sonne nur ein ganz gewöhnlicher Stern ist und dass auch andere Sterne von Planeten umkreist werden.

Ein besonderes Werk stellt noch das 1634, vier Jahre nach seinem Tod, veröffentlichte Werk *Somnium* (der Traum) dar, bei dem es sich um eines der ersten Science-Fiction Werke der Literaturgeschichte handelt, in dem eine „niedrige Gottheit"[28] einem Menschen von Island aus die Reise zum Mond ermöglicht. Dabei beschreibt Kepler schon erstaunlich gut die auftretenden physikalischen Kräfte der Beschleunigung, die notwendig sind, das Schwerefeld der Erde zu verlassen, und er berichtet auch von der Kälte und der Schwerelosigkeit des Alls. Ferner ist er davon überzeugt, dass eine solche Reise den menschlichen Körper sehr belasten würde.

Überhaupt war Kepler fest davon überzeugt, dass nicht nur der Mond, sondern auch die anderen Planeten unseres Sonnensystems, wie zum Beispiel Jupiter, von Lebewesen bevölkert sind, wie er 1610 in seinem Brief *Dissertatio cum nuncio sidereo* (Unterredung mit dem Sternboten) an Galileo Galilei schrieb.

Isaac Newton – Das unberechenbare Genie

Isaac Newton (1643–1727) war zweifelsohne einer der größten Wissenschaftler aller Zeiten. Er beschäftigte sich mit den Werken Keplers und Galileis und revolutionierte nicht nur die Astronomie, sondern auch die Mathematik, Mechanik und Optik.

Zu seinen größten Leistungen gehört die Entwicklung der Infinitesimalrechnung. In einem Streit mit Gottfried Wilhelm Leibniz, der sie ebenfalls unabhängig von Newton entwickelt hat, zeigt sich, was für ein unangenehmer Mensch Newton war. In dem belegten Streit ging es darum, wer als erster die Infinitesimalrechnung entwickelt hat. Dabei mischten sich mehrere weitere Wissenschaftler in den Streit ein und Leibniz bat die Royal Society um Schlichtung. Dies war insofern ein schwerer Fehler, da Newton der Präsident dieser Organisation war und der Schlichtungsausschuss mit „unparteiischen" Freunden Newtons besetzt war. Da selbst der Abschlussbericht des Ausschusses von Newton höchstpersönlich verfasst wurde, hatte Leibniz nun das

---

[28] Ebenda (S. 100).

Problem, offiziell als Plagiator gebrandmarkt zu sein. Aber selbst als Leibniz 1716 starb, war für Newton der Streit noch nicht beendet, und er ersetzte in seiner dritten Ausgabe im Jahr 1726 in seinem Hauptwerk *Philosophia naturalis principia mathematica* (Mathematische Grundlagen der Naturwissenschaft) einen früheren Text, in dem Leibniz' Leistungen zuvor noch lobend erwähnt worden waren, durch einen anderen.[29]

Dies war aber kein einmaliger Streit, denn Newton hatte auch schon vorher mit John Flamsteed (1646–1719), dem Direktor der königlichen Sternwarte in Greenwich, eine Auseinandersetzung, die vor Gericht endete. Dabei verlor Newton und revanchierte sich, indem er jeden Hinweis auf Flamsteed aus seinem Werk *Principia* entfernte, welches erstmals 1687 veröffentlicht wurde. Und dabei verdankte Newton gerade Flamsteeds sorgfältigen Beobachtungen viel, auch wenn dieser in der Wissenschaftsgeschichte als Unglücksrabe gilt, da er zwei große Entdeckungen falsch deutete. Flamsteed beobachtete nämlich den Planeten Uranus bereits vor seiner wirklichen Entdeckung, hielt ihn aber für einen Stern. Auch sah er – womöglich als Einziger – im Jahr 1680 die Supernova in der Milchstraße, verzeichnete aber auch diese lediglich als Stern in seinen Katalogen.

Das *Principia* enthielt unter anderem die nach Newton benannte Newtonsche Gravitationskonstante, mit deren Hilfe man die Schwerkraft oder auch die Umlaufperiode eines Planeten berechnen kann und die drei newtonschen Axiome. Die Drucklegung und die Kosten hierfür trug Edmund Halley, nach dem unter anderem der Halleysche Komet benannt ist.

Das 1. Newtonsche Axiom beschreibt das Trägheitsprinzip, wonach ein Körper im Zustand der Ruhe oder gleichförmigen Bewegung verharrt, sofern er nicht durch eine einwirkende Kraft zur Änderung seines Zustandes gezwungen wird.

Das 2. Axiom stellt das Grundgesetz der Mechanik, wonach die Änderung der Bewegungsgröße in Richtung der antreibenden Kraft geschieht und proportional zu dieser ist.

Im 3. Axiom heißt es, dass jede Kraft eine gleichgroße entgegengesetzte Kraft hervorruft. Es ist auch als Wechselwirkungsprinzip (actio = reactio) bekannt.

Newton war ein Mann der Extreme, der zu extremen Ansichten neigte und nicht gut mit Kritik oder Widerspruch umgehen konnte. Da er sich auf vielen Gebieten betätigte, widmete Newton sich auch eine Zeit lang der Religion und vertrat hier die Auffassung, dass die Heilige Dreifaltigkeit Ketzerei sei. Ferner sorgte er als Münzmeister für ein hartes Vorgehen gegen Münzfälscher und war als Alchemist auf der Suche nach dem mythischen „Stein der

---

[29] Wickert (2006, S. 74–80).

Weisen", einem Elixier, mit dem man aus unedlen Metallen Edelmetalle wie Gold herstellen kann. Ferner entwickelte er das nach ihm benannte Spiegelteleskop und zerlegte mit einem Prisma das weiße Licht in seine Spektralfarben.

Da Newton zu Lebzeiten mehrere innerliche Krisen durchgemacht hat und durch sein Verhalten und seine Briefe an Forscherkollegen alles andere als einen gefestigten Eindruck macht, wird noch heute darüber diskutiert, ob Newton sich bei seinen zahlreichen Experimenten eine Schwermetallvergiftung zugezogen oder gar unter einer psychischen Störung gelitten hat.[30] Dennoch hatte er das Amt des Präsidenten der Royal Society bis zu seinem Tode inne und wurde 25 Mal wiedergewählt und 1705 von Königin Anna als erster Wissenschaftler zum Ritter geschlagen.[31]

Christiaan Huygens

Einen entscheidenden Einfluss hatten auch Christiaan Huygens' (1629–1695) Arbeiten. In seinem 1698 erschienenen Werk „Cosmotheros" (Weltbeschauer) beschäftigte sich Huygens mit Leben auf anderen Planeten und vertrat schon die Auffassung, dass die Grundvoraussetzung für Leben das Vorhandensein von flüssigem Wasser auf der Oberfläche ist. Außerdem vertrat dieser die Idee, dass auch Außerirdische eine menschenähnliche Gestalt haben und sich neben der Schrift vor allem mit der Mathematik und Musik befassen müssten. Seine interessanteste Theorie ist aber, dass sich das Leben einem Planeten anpassen muss und nicht unsere erdähnlichen Bedingungen überall verbreitet sind, weshalb mögliche Merkur- und Venusbewohner deutlich mehr Hitze vertragen müssten als wir, wohingegen fiktive Bewohner der äußeren Planeten eher an die Kälte angepasst wären. Ferner setzte er sich kritisch mit Newtons Hauptwerk auseinander und hatte auch zu Fragen der Optik eine andere Auffassung als jener.[32]

Christiaan Huygens stellte außerdem nicht nur die Wellentheorie des Lichts auf (wobei man bis heute noch keine Lösung für den Wellen-Teilchen-Dualismus des Lichts hat), sondern schliff auch selbst Linsen für selbst gefertigte Teleskope, mit denen er u. a. den Saturnmond Titan entdeckte. Auch erkannte er mit seinem Teleskop als erster die Ringe des Saturns, die zwar von Galilei schon vorher gesehen, aber nicht als Ringsystem gedeutet wurden. Ihm zu Ehren wurde der Huygens Lander der Cassini-Mission benannt.

---

[30] Ebenda (S. 24–25).
[31] Wickert (2006, S. 34).
[32] Oser (2009, S. 44–45).

Die großen Philosophen der Renaissance

Nicolaus von Kues (1401–1464) vertrat schon vor Copernicus die Auffassung, dass die Erde nur ein Planet sei, und schreibt in seiner berühmten Schrift „*De docta ignorantia*" (Die belehrte Unwissenheit) von den vernunftbegabten Bewohnern anderer Himmelskörper und legt sogar nahe, dass alle Welten bewohnt seien.[33]

Der französische Philosoph René Descartes (1596–1650), von dem nicht nur der Satz „Ich denke, also bin ich" stammt, betätigte sich auch als Naturwissenschaftler. Seine „Wirbeltheorie des Weltalls", in der er von einer relativen Unbeweglichkeit der Erde und einer luftartigen Materie im Weltraum ausgeht, wurde aber durch Newtons Arbeit widerlegt. Aber dies inspirierte u. a. den späteren Sekretär der französischen Akademie Bernard Le Bovier de Fontenelle (1657–1757) zu seinen Überlegungen von der Vielheit der bewohnten Welten.[34]

Auch der Universalgelehrte Gottfried Wilhelm Leibniz (1646–1716), der nicht nur ein hervorragender Mathematiker, wie die von Newton unabhängige Erfindung der Infinitesimalrechnung beweist, sondern auch Philosoph war und die Meinung vertrat, dass es im Weltall unzählige erdähnliche Planeten mit intelligenten Bewohnern gibt. Aufgrund des Übels und des Leids auf unserer Welt war er davon überzeugt, dass Gott auf anderen Welten im gesamten Universum vernunftbegabtere Wesen erschaffen haben musste.[35] Auch Immanuel Kant (1724–1804) vertrat in seinem Werk „Allgemeine Naturgeschichte und Theorie des Himmels" aus dem Jahr 1755 ähnliche Ansichten und glaubte sogar, dass sich die Menschheit in ferner Zukunft, nach dem unvermeidlichen Untergang der Erde, zu höheren Lebewesen entwickeln wird. Außerdem war er schon davon überzeugt, das sich Planeten aus Partikelscheiben um junge Sterne bilden und das die inneren Planeten eines Sonnensystems dichter sind als die äußeren, da sich schwere Partikel in Sternennähe sammeln würden.[36,37]

Die Entdeckung neuer Planeten

Friedrich Wilhelm Herschel (1738–1822) war von Beruf eigentlich Musiker, aber auch ein sehr talentierter Teleskopbauer, wodurch es ihm gelang sein Hobby, die Astronomie, zu revolutionieren. Sein erstes Teleskop war ein

---

[33] Ebenda (S. 49).
[34] Ebenda (S. 31–33).
[35] Ebenda (S. 52).
[36] Ebenda (S. 58–60).
[37] Jayawardhana (2011, S. 5).

kleines Fernrohr von nur etwa 60 cm Länge, mit dem sich keine guten Beobachtungen durchführen ließen. Da ihm die finanziellen Mittel fehlten, ein geeignetes Teleskop zu kaufen, entwickelte er sein eigenes. Auch wenn es nur aus Holz bestand, etwas über 2 m lang war, einen Durchmesser von knapp 20 Zentimetern aufwies, und er einen selbst gefertigten Spiegel benutzte, den Herschel in mühevoller Handarbeit selbst geschliffen und poliert hatte, gab es in der damaligen Zeit nichts Vergleichbares und zusammen mit den selbst hergestellten Okularen übertraf es die Auflösung anderer Teleskope um ein Vielfaches.[38] Mit diesem Teleskop gelang ihm am 13. März 1781 die Entdeckung des Planeten Uranus. Wilhelm Herschel wurde kurze Zeit darauf von König George III. zum königlichen Astronomen ernannt, wodurch er wesentlich mehr Möglichkeiten bekam.

So feierte er 1800 einen weiteren wissenschaftlichen Durchbruch indem er das Sonnenlicht mit einem Prisma aufteilte und die Temperatur der unterschiedlichen Farben maß. Dabei entdeckte Herschel zu seiner Überraschung, das die höchste Temperatur über dem roten Farbspektrum lag. So entdeckte er die für das menschliche Auge unsichtbare Infrarotstrahlung.[39]

Aufgrund der Titius-Bode Reihe, benannt nach den beiden Astronomen Johann Daniel Titius (1729–1796) und Johann Elert Bode (1747–1826), vermutete man aber auch noch an einer anderen Stelle in unserem Sonnensystem einen Himmelskörper. Dieser sollte sich zwischen Mars und Jupiter befinden und bereits Johannes Kepler postulierte dessen Existenz.[40]

Deswegen gründeten im Jahr 1800 Franz Xaver von Zach (1754–1832) und Johann Hieronymus Schroeter (1745–1816) die sogenannte „Himmelspolizey" und zahlreiche europäische Sternwarten beteiligten sich an der systematischen Suche nach diesem hypothetischen Planeten. Dabei wurde besonderes Augenmerk auf Objekte die sich entlang der Ekliptik bewegen gelegt und diese in 24 Abschnitte eingeteilt.

1801 hatte diese Suchaktion Erfolg und Giuseppe Piazzi (1746–1826), ein katholischer Priester, Mathematiker und Astronom an der Sternwarte in Palermo, entdeckte Ceres. Dieser galt bei seiner Entdeckung als Planet, wurde aber kurz darauf zum Asteroiden degradiert und zählt seit 2006 zu der neu geschaffenen Klasse der Zwergplaneten. Mit einem Durchmesser von 950 km ist dieser Körper groß genug um eine runde Form zu besitzen und wahrscheinlich besitzt dieser einen felsigen Kern und einen eisigen Mantel – genau werden wir dies aber erst wissen wenn 2015 die Dawn Sonde Ceres näher untersuchen wird. Später entdecke Wilhelm Olbers (1758–1840) weitere Planetoiden, im März 1802 Pallas und 1807 auch Vesta. Bereits 1804 entdeckte Karl Ludwig Harding (1765–1834) Juno.

---

[38] Standage (2004).
[39] Jayawardhana (2011, S. 8).
[40] Couper und Henbest (2007, S. 186).

Die Entdeckung eines Planeten aufgrund seines Einflusses auf andere Objekte geht zurück auf das 19. Jahrhundert. Genauer gesagt auf das Jahr 1846. War es bis dato immer so, dass die Astronomen ein kosmisches Objekt mit ihren Teleskopen aufspürten und anschließend Mathematiker anhand von astronomischen Beobachtungen hieraus die Bahndaten berechneten, gab es in diesem Jahr eine kleine Sensation, denn zum ersten Mal wurde ein Planet aufgrund vorheriger Berechnungen, die durch den französischen Astronomen Urbain Le Verrier (1811–1877) durchgeführt worden waren, entdeckt. Es handelte sich hierbei um den Planeten Neptun, der von Johann Gottfried Galle (1812–1910) erspäht wurde. Auch hier schon hatte die Gravitation den Planeten verraten, ein Effekt, der heute bei der Suche nach extrasolaren Planeten von großer Bedeutung ist.

Neuzeitliche Entdeckungen für die Suche nach Exoplaneten

Zunächst entdeckte Joseph Fraunhofer (1787–1826), ein Physiker und Optiker, 1814 nicht nur das Spektroskop, sondern auch die nach ihm benannten Fraunhoferschen Linien, dunkle Absorptionslinien im Sonnenspektrum, welche unabhängig von Fraunhofer auch vom englischen Chemiker William Hyde Wollaston (1766–1828) entdeckt wurden. Später entdeckten Gustav Kirchhoff (1824–1887) und Robert Bunsen (1811–1899), dass jedes chemische Element mit einer spezifischen Anzahl von Spektrallinien assoziiert ist. 1859 entwickelten sie hieraus die Spektrografie (auch Spektralanalyse genannt), mit deren Hilfe das Lichtspektrum gemessen werden kann. Aus diesem Spektrum lassen sich Rückschlüsse z. B. auf die innere Struktur und Temperatur von Sternen ziehen und Sterne in bestimmte Spektralklassen einteilen.

Eine weitere bedeutende Entdeckung machte der Mathematiker und Astronom Friedrich Wilhelm Bessel (1784–1846). Dieser machte sich zunächst durch eine genaue Bahnberechnung des Kometen Halley einen Namen und entdeckte später die Parallaxe, eine scheinbare Winkelverschiebung von nahen Sternen aufgrund der Bewegung der Erde um die Sonne. Die Parallaxe ist für die Astronomie von fundamentaler Bedeutung, weil man aus ihr mit großer Genauigkeit die Sternentfernung ableiten kann. Damit bildet sie die Grundlage der astronomischen Entfernungsbestimmung.[41]

Einen ebenso großen Einfluss hatte die Entdeckung des Dopplereffektes, benannt nach dem österreichischen Physiker Christian Doppler (1803–1853). Dieser bezeichnet die Veränderung der Frequenz von Wellen, abhängig da-

---

[41] Feulner (2006, S. 35).

von, ob sich Quelle und Betrachter aufeinander zu- oder voneinander weg-
bewegen. Diese Verschiebung kann im Spektrum erkannt werden. Dabei ist
das Licht zum rötlichen Ende des Spektrums hin verschoben, wenn sich das
Objekt von uns wegbewegt, und zum blauen Ende, wenn es sich auf uns zu-
bewegt. Der erste der mit dieser Methodik arbeitete war Hermann Carl Vogel,
welcher als Direktor des Astrophysikalischen Observatoriums Potsdam die
Bewegung von Sternen untersuchte.

Auch die Erfindung von Bernard Ferdinand Lyot (1897–1952), einem
französischen Astronomen, welcher 1930 den Coronagraph erfand war von
entscheidender Bedeutung. Dieser ermöglichte erstmals die Beobachtung der
Corona der Sonne außerhalb einer Sonnenfinsternis und wird auch heute
noch eingesetzt, um das sonst alles überstrahlende Licht eines Sterns auszublenden. Dabei wird das Licht des hellen Objektes geblockt um die leucht-
schwächeren Objekte in der Nähe sichtbar zu machen.

Adaptive Optik

Einen Riesenfortschritt in der Teleskoptechnik bedeutete die Einführung der
adaptiven Optik, da diese die störenden Einflüsse (Turbulenzen) der Atmo-
sphäre ausgleicht. Ursprünglich wurde die Idee bereits 1953 von Horace W.
Babcock entwickelt, doch sollte es noch über zwei Jahrzehnte dauern, bis diese
Technik im militärischen Bereich eingesetzt wurde, und erst seit den 1990er
Jahren werden auch zivile Observatorien mit dieser Technik ausgestattet.

Ein Sensor misst hierbei zunächst die atmosphärischen Störungen, dann
berechnet ein Computer die notwendigen Korrektursignale und leitet diese
an einen verformbaren Spiegel weiter. Dies passiert üblicherweise im Milli-
sekundenbereich und mehrere Hundert Mal pro Sekunde.

Um den Sensor zu kalibrieren, bieten sich unterschiedliche Möglichkeiten an. Man kann entweder das Licht vom Beobachtungsobjekt analysieren,
einen geeigneten Leitstern in der Nähe des Beobachtungsobjekts analysieren
oder das Licht eines künstlichen Laserleitsterns zur Analyse verwenden.[42]

CCD

Eine weitere Erfindung, die heute für die Astronomie von entscheidender
Bedeutung ist, sind die Charge Couple Devices (CCDs). Als Bildsensor sind
sie durch ihre Möglichkeit der digitalen Bildaufzeichnung auch bei der Suche nach Exoplaneten hilfreich und revolutionierten die Fotografie. Und
dies obwohl das Digital Imaging ursprünglich ebenfalls für das US-Militär

---

[42] http://www.mpia.de/homes/hippler/AOonline/C02/ao_online_02_01.html (12.02.2013).

entwickelt und erstmals in großem Umfang bei den „Keyhole"-Spionagesatelliten, ab KH-11 Kennan, eingesetzt wurde.

Erfunden wurden die CCDs 1969, im Jahr der ersten Mondlandung, von Willard Bolye und George E. Smith in den AT&T Bell Labs eigentlich zur Datenspeicherung (Magnetblasenspeicher), doch entdeckte man, dass diese lichtempfindlich sind und sich auch als Sensoren eignen. Für diese Entdeckung wurden die beiden Forscher 2009 mit dem Physiknobelpreis ausgezeichnet.

Literatur

Baykal, H.: Die Ketzer. In: Zeitschrift epoc, S. 32–33. (03/2009)

Cole, G.: Wandering stars, S. 6. Imperial College Press, Singapore (2006)

Couper, H., Henbest, N.: The history of astronomy, S. 60–65, 141–142, 186. Cassell Illustrated, London (2007)

Dupre, S.: Die Ursprünge des Teleskops. In: Zeitschrift SuW Dossier Galilei und die anderen – Hintergründe einer Revolution der Astronomie, S. 33–34, 41. (01/2009)

Ebenda, S. 24–25, 28, 31–33, 49, 52, 58–60, 61–67, 82, 100

Fahr, H.J., Willerding E.A.: Die Entstehung von Sonnensystemen, S. 7. Spektrum Akademischer Verlag, Heidelberg (1998)

Feldhay, R.: Der Fall Galilei. In: Zeitschrift SuW, Dossier Galilei und die anderen – Hintergründe einer Revolution der Astronomie, S. 84–85, 90–91. (01/2009)

Feulner, G.: Astronomie, S. 22, 35. Compact, München (2006)

Hemleben, J.: Galilei, rororo, S. 8, 25, 36, 69, 129, 151. (2006)

Jayawardhana, R.: Strange New Worlds, S. 5, 8. Princeton University Press (2011)

Lombardi, A.M.: Johannes Kepler – Einsichten in die himmlische Harmonie. In: Zeitschrift SdW Biografie, S. 12–13, 22

Nenci, E.: Glaubenshüter und Paladine der Vernunft. In: Zeitschrift SuW, S. 50 (07/2010)

Oser, E.: Die Suche nach einer zweiten Erde, S. 44–45. Wissenschaftliche Buchgesellschaft, Wien (2009)

Renn, J.: Galileis Revolution und die Transformation des Wissens. In: Zeitschrift SuW Dossier Galilei und die anderen – Hintergründe einer Revolution der Astronomie, S. 14–21. (01/2009)

Standage, T.: Die Akte Neptun – Die abenteuerliche Geschichte der Entdeckung des 8. Planeten, Btv Berliner Taschenbuch Verlag (2004)

Strano, G.J.: Astronomie vor Galilei. In: Zeitschrift SuW Dossier Galilei und die anderen – Hintergründe einer Revolution der Astronomie, S. 22. (01/2009)

Wickert, J.: Isaac Newton, rororo, S. 34, 74–80. (2006)

2
Die Entdeckung der ersten extrasolaren Planeten

Ein Experte ist ein Mann, der hinterher genau sagen kann, warum seine Prognose nicht gestimmt hat.

Winston Churchill (1874–1965)

Der Begriff Planet stammt vom griechischen Wort *planetes*, welches „Wanderer" bedeutet und zunächst einmal müssen wir uns damit beschäftigen, was ein Planet überhaupt ist. Bis zum August 2006 war dies alles andere als einfach, da es keine allgemeingültige Definition hierfür gab und es folglich Interpretationssache war. Doch traf sich in diesem Jahr die Generalversammlung der Internationalen Astronomischen Union (IAU) in Prag und im Zuge dessen verlor auch Pluto seinen Planetenstatus. Demnach muss ein „Planet" um einen Stern kreisen, über genügend Masse verfügen, um eine annähernd runde Form zu haben, und er muss die Umgebung seiner Bahn gereinigt haben. Da der letztgenannte Punkt nicht auf Pluto zutrifft, wurde dieser zu einem Zwergplaneten degradiert. Wobei auf dieser Tagung auch noch andere Definitionen diskutiert wurden und es auch möglich gewesen wäre, dass die Anzahl der Planeten unseres Sonnensystems auf 12 erhöht worden wäre, denn Ceres, Charon und Eris (hatte zunächst die Bezeichnung *2003 UB313*) sind massereich genug, um eine runde Form zu besitzen, doch fürchtete man letztendlich eine Inflation von Planeten, da wohl noch zahlreiche weitere Objekte im äußeren Sonnensystem auf ihre Entdeckung warten. Objekte im All können nämlich nur gesehen werden, wenn sie selbst leuchten, wie ein Stern – dank der im Inneren ablaufenden Fusionsprozesse – oder von einem leuchtenden Objekt angestrahlt werden und dann hängt die Sichtbarkeit vom Albedo, dem Rückstrahlvermögen der Oberfläche bzw. der obersten Wolkenschicht ab. Helle Flächen, wie Schnee oder Eis, haben einen hohen und dunkle Flächen, wie Asphalt, einen niedrigen Albedo.

Nachdem wir nun wissen, welche „Planeten" in unserem Sonnensystem auch tatsächlich Planeten sind, können wir uns in die Weiten des Weltalls wagen, um nach Planeten um ferne Sterne zu suchen, den sogenannten extrasolaren Planeten oder auch Exoplaneten. Diese erhalten dabei die Bezeichnung des Sterns um den Buchstaben „b" ergänzt. Sollte ein System hingegen mehr als einen Planeten besitzen, bekommen diese weitere kleine Buchstaben in der Reihenfolge ihrer Entdeckung. Große Buchstaben hingegen bezeichnen stellare Begleiter, und da die Hälfte aller Sonnensysteme in unserer Galaxis mehr als einen Stern hat, kommen diese recht häufig vor. Doch gibt es da noch eine kleine Schwierigkeit, zwar haben wir nun eine Definition für die untere, aber leider nicht für die obere Planetengrenze, und so ist die Unterscheidung zwischen einem großen Planeten und einem Braunen Zwerg bei der 10- bis 15-fachen Masse des Jupiters nicht immer ganz einfach. Zwar kann man die Helligkeit und das Alter von einem Objekt und auch dessen Entfernung zum Stern gut aus der Ferne bestimmen, bei einer langen Umlaufzeit kann man aber nicht mit den Keplerschen Gesetzen arbeiten und somit ist die Abschätzung der Masse sehr fehleranfällig, worauf wir im 6. Kapitel noch etwas genauer eingehen werden.

Braune Zwerge sind „verhinderte Sterne", deren Masse zu klein ist, um in ihrem inneren Wasserstoff zu Helium zu fusionieren. Die Mindesttemperatur für diesen Prozess wird erst bei 0,07 Sonnenmassen oder 75 Jupitermassen erreicht. Dennoch finden auch in Braunen Zwergen Fusionsprozesse statt. So treten bei etwa 65 Jupitermassen die Lithiumfusion und ab etwa 13 Jupitermassen die Deuteriumfusion auf.

Nun kann man natürlich fragen, warum solche Definitionen überhaupt wichtig sind, und bis zu der Entdeckung von Cha 110913–773444 durch das Spitzer-Weltraumteleskop im Jahr 2005 konnte man diese Diskussion auch ganz entspannt führen, doch dieses Objekt ist für einen Braunen Zwerg mit nur 8 Jupitermassen viel zu leicht und außerhalb jeder Definition. Da dieses Objekt ferner um keinen Stern kreist und eine eigene protoplanetare Scheibe besitzt, ist Cha 110913–773444 eine echte Besonderheit. Bereits zuvor hatten im Jahr 2000 S Ori 68 und zwei Jahre später S Ori 70 für Aufsehen gesorgt, da diese etwa 5 Jupitermassen schweren „Planeten" ohne Stern durchs Weltall fliegen und man hierfür den Begriff *Planemo* geschaffen hat. Womöglich handelt es sich hierbei um ehemalige Planeten, die aus einem Planetensystem hinausgeschleudert wurden.

Geschichte der Suche nach Planeten außerhalb unseres Sonnensystems

Bereits 1855 fand Captain W. S. Jacob vom East Indian Observatory in Madras orbitale Anomalien um den Doppelstern 70 Ophiuchi und beanspruchte, Beweise für den ersten extrasolaren Planeten gefunden zu haben, doch handelte es sich bei diesem extrasolaren Planeten um einen Falschalarm, denn bis heute sind keine Planeten in diesem System bekannt, was im Lauf der Geschichte aber mehr als einmal vorkommen sollte.

Otto von Struve (1897–1963) kam in den 1950ern auf die Idee, dass sehr große Planeten von der Größe des Jupiters oder noch größer periodische Änderungen in der Radialgeschwindigkeitssignatur verursachen, wenn diese sehr nah um einen sonnenähnlichen Stern kreisen. Doch geriet diese revolutionäre Idee in Vergessenheit und es sollte noch Jahrzehnte dauern, bis tatsächlich mit dieser Methode fremde Welten entdeckt werden konnten.[1]

Im Jahr 1963 gab der Direktor der Sproul-Sternwarte am Swarthmore College in Philadelphia, Peter van de Kamp (1903–1995), die Entdeckung eines neuen Planeten um Barnards Pfeilstern bekannt, aufgrund periodischer Positionsschwankungen. Barnards Stern ist ein leuchtschwacher Roter Zwerg der nur 5,9 Lichtjahre von uns entfernt ist und aufgrund seiner hohen Eigenbewegung den Beinamen „Pfeilstern" trägt. Zwar schlossen sich einige Astronomen dieser Einschätzung im Laufe der Jahre an und van de Kamp veröffentlichte auch die nächsten Jahre weitere Arbeiten mit korrigierenden Angaben und einer weiteren Planetenentdeckung, doch heute ist es sehr wahrscheinlich, dass es sich hier nur um einen Messfehler gehandelt hat. Interessant zu erfahren ist noch, dass George Gatewood von der University of Pittsburgh einer der größten Skeptiker dieser Entdeckung war und über die Jahre mehrere kritische Arbeiten zu diesem Thema veröffentlichte, selbst aber 1996 die Entdeckung zweier Planeten um den 8,3 Lichtjahre entfernten Stern Lalande 21185 verkündete, für die bis heute auch keine unabhängigen Beweise vorliegen.[2,3]

Anfang der 1980er untersuchte Gordon Walker von der University of British Columbia in Vancouver als erster mit seinem Team mit dem 3,6 m Canada France Hawaii Telescope (CFHT) 12 Jahre lang, der Umlaufperiode des Planeten Jupiter in unserem Sonnensystem, 29 sonnenähnliche Sterne in unserer Nachbarschaft auf Spuren von großen Planeten. Man war mehr als überrascht zunächst keine zu finden, hatte aber auch nur sechs Nächte pro Jahr Teleskopzeit zur Verfügung. Während dieser Zeit zeichnete man die Signatur der Radialgeschwindigkeit auf und erreichte mit den Dopplermessgeräten eine Präzision von ungefähr 15 m/s, was zur damaligen Zeit von unerreichter Qualität war.[4] Man hielt es für sehr wahrscheinlich, dass unser Sonnensystem typisch ist, und glaubte deshalb, dass ein Planet von der Masse und der Umlaufzeit des Jupiters sich am leichtesten aufspüren lassen müsste. Zwar gab es immer wieder vielversprechende Ergebnisse, doch entpuppten diese sich

---

[1] Fridlund und Kaltenegger (2008, S. 51).
[2] Schneider (1997, S. 262).
[3] Kürster und Zechmeister (02/2010, S. 44–51).
[4] Ge (2008, S. 22).

bei näherer Betrachtung nicht als Planet, sondern als ein Pulsieren des Sterns oder als Sonnenflecken. Ein etwas anderer Fall ist das 45 Lichtjahre entfernte Doppelsternsystem Gamma Cephei. Hier verkündete das Team um Gordon Walker 1988 die Entdeckung eines Planeten, zog dies aber 1992, nach heftigen Anfeindungen, wieder zurück, wobei aktuellere Daten von William D. Cochran und Artie Hatzes aus dem Jahr 2003 tatsächlich einen Planeten zu bestätigen scheinen.[5] Die zahlreichen Skeptiker der Jagd nach Exoplaneten, die es natürlich von vornherein besser wussten und unter denen alle Pioniere der Planetenjagd zu leiden hatten, sollten noch einmal Recht behalten.

1992 war es endlich soweit und wie so oft in der Wissenschaft half der Zufall mit. Der polnische Astronom Aleksander Wolszczan von der Pennsylvania State University entdeckte zusammen mit Dale Frail die ersten beiden Planeten außerhalb unseres Sonnensystems um den Pulsar PSR B1257 + 12 im Sternbild Virgo (Jungfrau). Beide Planeten haben nur etwa die 3-fache Masse der Erde und es handelt sich hierbei womöglich um die Kerne ehemaliger Gasriesen, deren Atmosphäre bei der aufgetretenen Supernova weggefegt wurde. Obwohl dieser Entdeckung bis heute auch in Fachkreisen nicht die Aufmerksamkeit geschenkt wird, welche sie verdient hat, was aber nach Meinung von Gordon Walker daran liegen könnte, dass diese Planeten ständig einem Bombardement der Strahlung des Neutronensterns ausgeliefert sind und sich demnach nicht für organisches Leben eignen. Auch Alex Wolszczan selbst hat Verständnis dafür, dass Planeten um sonnenähnliche Sterne größere Aufmerksamkeit in der Öffentlichkeit bekommen haben als Planeten um einen toten Stern, dennoch repräsentiert diese Entdeckung die ersten bestätigten Exoplaneten. Später wurde im gleichen System auch noch ein dritter Planet mit einer wesentlich geringeren Masse aufgespürt.[6]

Dabei wurde die Ereigniskette, die zur Entdeckung der ersten Exoplaneten führte, bereits 1990 in Gang gesetzt. Bei einer Routineuntersuchung am 305 m Arecibo-Radioteleskop (Abb. 2.1) wurden Risse in der unterstützenden Stahlstruktur festgestellt, verursacht durch Materialermüdung. Die Reparatur sollte mehrere Wochen dauern und normale Himmelsbeobachtungen waren zu dieser Zeit nicht möglich. Deshalb ergab sich für Alex Wolszczan die Möglichkeit, längerfristig in einem bestimmten Himmelsabschnitt nach schnell rotierenden Pulsaren zu suchen, was unter normalen Umständen nicht möglich gewesen wäre, da auch in Arecibo Beobachtungszeit ein kostbares Gut ist.

Die Suche nach Pulsaren war zum damaligen Zeitpunkt wie die Suche nach der Nadel im Heuhaufen, denn die Computertechnologie Ende der 1980er Jahre lag Lichtjahre hinter unseren heutigen Möglichkeiten zurück

---

[5] Haghighipour (2008, S. 223).
[6] Cassen et al. (2006, S. 6).

Abb. 2.1 Arecibo-Radioteleskop in Puerto Rico. © Courtesy of the NAIC – Arecibo Observatory, a facility of the NSF

und Terabytes an aufgezeichneten Daten nach schwachen periodischen Impulsen zu durchsuchen glich einer Sisyphusarbeit. Die Analyse wurde an Wolszczans damaligem Heimatinstitut, der Cornell University, durchgeführt und letztendlich lohnte sich die Mühe und zwei Pulsare wurden entdeckt – einer davon war PSR B1257 + 12 (Abb. 2.2).

Abb. 2.2 Künstlerische Darstellung der Planeten um den Pulsar PSR B1257+12.
© NASA/JPL-Caltech/R. Hurt (SSC)

Bei einem Pulsar handelt es sich um einen schnell rotierenden Neutronenstern mit einem starken Magnetfeld, der vom Kern des Sterns übrigbleibt,
wenn ein massereicher Stern in einer Supernova explodiert ist. Der erste Pulsar wurde 1967 durch Jocelyn Bell entdeckt und aufgrund der Regelmäßigkeit
der Signale dachte man zunächst, dass es sich um Signale einer außerirdischen
Zivilisation handelte.[7] Für diese Entdeckung gab es 1974 den Physiknobelpreis, allerdings nicht für die Entdeckerin sondern für ihren Doktorvater An-
tony Hewish und den Radioastronomen Martin Ryle – eine von zahlreichen
kontrovers diskutierten Entscheidungen des Nobelpreiskomitees der König-
lich Schwedischen Akademie der Wissenschaften. So bekam auch Albert Einstein (1879–1955) nie den Nobelpreis der Physik für seine Relativitätstheorie
überreicht, sondern bekam diese Auszeichnung im Dezember 1922, für das
Jahr 1921, für die Erklärung des photoelektrischen Effekts. 1993 erhielten
noch einmal zwei Pulsarforscher, Russle Hulse und Joseph Hooton Taylor Jr.,
den Physiknobelpreis für ihre Entdeckung eines Pulsars, diesmal allerdings
gehörte das Objekt zu einem Doppelsternsystem.

---

[7] Shostak (2009, S. 17).

Doch PSR B1257 + 12 war kein gewöhnlicher Pulsar, sondern ein sogenannter Millisekunden-Pulsar. Heute kennen wir über 100 Pulsare dieses
Typs, weshalb ihre Entdeckung und Katalogisierung Routine geworden ist,
doch 1990 kannte man erst vier dieser seltsamen Objekte. Hinzu kam, dass
sich PSR B1257 + 12 merkwürdig verhielt und sich jedem damals bekannten
Modell widersetzte. Zwar wusste man, dass dieser spezielle Pulsartyp einen
stellaren Begleiter hat, von dem er Material absaugt, doch dachte man dabei an einen Weißen Zwerg, dem Überbleibsel eines sonnenähnlichen Sterns.
Dies dachte zunächst auch Alex Wolszczan, weshalb er nach diesem stellaren Begleiter suchte, doch deutete eine weitere Analyse der Daten auf etwas
Sensationelles hin – einen erdgroßen Planeten, da ein Stern einen wesentlich
größeren Einfluss auf den Pulsar haben müsste.

Zwar gab es schon vorher Spekulationen darüber, dass es sogenannte Pul-
sar-Planeten geben könnte, und bereits in den 1970er Jahren vermutete man
einen solchen Planeten im Krebsnebel, doch fand man dafür keine Beweise.

1993 wurde ein weiterer Pulsarplanet entdeckt und dieser trägt die Bezeichnung PSR B1620-26 b. Er umkreist das ungleiche Paar eines Pulsars und
eines Weißen Zwergs und besitzt viele weitere verblüffende Eigenschaften,
weshalb wir auf diesen speziellen Exoplaneten in Kap. 8 noch etwas detaillierter eingehen werden.

Die Entdeckung des ersten Exoplaneten um einen sonnenähnlichen Stern

Der Schweizer Forscher Michel Mayor von der Universität Genf begann mit
einem Team im Jahr 1990 an einem hochpräzisen Spektrometer namens *Élodie* zu arbeiten und 1993 wurde dieses Gerät am Observatoire de Haute Pro-
vence an das 1,93-Meter Teleskop gekoppelt. Ein großer Vorteil dieses Gerä-
tes war, dass es nicht nur präzise (etwa 13 m/s) sondern auch schnell messen
konnte. Während alle anderen Forscher zur damaligen Zeit erst im Nach-
hinein mühsam ihre Beobachtungsdaten auswerten mussten und oft einen
Rückstau bei den Daten hatten, lieferte *Élodie* augenblicklich die Ergebnisse.
Zumal Didier Queloz, ein Doktorrand von Michel Mayor, ein Programm
geschrieben hatte, womit aus dem Licht der Sterne deren Radialgeschwindigkeit bestimmt werden konnte, indem ein Computer innerhalb von 10 min
rund eine Milliarde mathematischer Rechenoperationen abwickelte. Hiermit
machten sich die Astronomen bei 142 Sternen auf die Suche nach Braunen
Zwergen, da ihnen die Suche nach Planeten nicht Erfolg versprechend genug
erschien. Im November 1994 arbeitete Didier Queloz allein mit den Geräten,
da Michel Mayor für mehrere Monate in den USA weilte, um ein Gastse-

Abb. 2.3 Jupiterähnlicher Planet in einem engen Orbit um einen Stern. © NASA, ESA and A. Schaller (for STScI)

mester an der Universität von Hawaii in Honolulu zu absolvieren. Queloz entdeckte um den Stern 51 Pegasi eine ungewöhnliche Aktivität und konnte sich zunächst keinen Reim darauf machen und hielt eine externe Fehlerquelle für am wahrscheinlichsten. Anfang 1995 gab es dann genügend Daten für eine Bahnberechnung und Queloz kontaktierte Mayor, um diesen um Rat zu fragen. Die Daten schienen auf einen Begleiter hinzudeuten, nicht aber auf einen Braunen Zwerg, sondern auf einen jupiterähnlichen Planeten, der in weniger als 5 Tagen um den Stern kreist (Abb. 2.3). Da Beobachtungen dieses Systems von der Erde aus in den anschließenden Monaten nicht mehr möglich waren, dauerte es noch bis zum 5. Juli 1995, bis neue Beobachtungen die Daten bestätigten: Es handelte sich hierbei tatsächlich um den ersten extrasolaren Planeten um einen sonnenähnlichen Stern.[8,9]

Am 6. Oktober 1995 verkündeten die Forscher ihre Entdeckung auf der Konferenz „9th Cambridge Workshop on Cool Stars, Stellar Systems and the

---

[8] Röhrlich (2008, S. 31–32).
[9] Schneider (1997, S. 37).

Sun" in Florenz, doch da ihr wissenschaftlicher Artikel im Fachmagazin Nature noch nicht erschienen war, mussten sie sich zurückhalten und brauchten selbst für ihren Vortrag eine Ausnahmegenehmigung des Fachmagazins, die sie glücklicherweise auch bekommen haben, ansonsten wäre diese Konferenz wohl weit weniger geschichtsträchtig verlaufen. Interessant zu erfahren ist wohl noch, dass das britische Magazin drei Peer-Review-Verfahren zu Mayors Entdeckung in Auftrag gab und nur zwei der drei Referees einer Publikation zustimmten. Der dritte Referee, bei dem es sich um niemand Geringeres als Gordon Walker handelte, schlug den Stern 51 Pegasi im *Bright Star Catalogue* nach und fand eine andere Erklärung für das Verhalten des Sterns, da der Stern dort als Unterriese klassifiziert war, welche sich rhythmisch aufblähen und zusammenziehen, doch war der Stern dort falsch klassifiziert. Der Stern 51 Pegasi ist kein Unterriese.[10]

Zunächst waren alle Anwesenden der Konferenz sehr überrascht über die Entdeckung und diskutierten mit Mayor alternative Erklärungen wie Pulsationen oder Flecken auf dem Stern. Bis diese Phänomene mit Sicherheit ausgeschlossen werden konnten, sollte es noch zwei Jahre dauern, da 1997 noch eine wissenschaftliche Arbeit veröffentlicht wurde, kurioserweise ebenfalls in Nature, die noch eine andere Erklärung lieferte. Doch wurden die Ausführungen auch mit enthusiastischem Beifall aufgenommen und dies, obwohl schon mehrmals in der Geschichte die irrtümliche Entdeckung eines extrasolaren Planeten um einen sonnenähnlichen Stern verkündet worden war.[11]

Der Planet 51 Pegasi b hat etwa die Hälfte der Jupitermasse und kreist sehr dicht und schnell, in nur 4,2 Tagen, um seinen Heimatstern. Inoffiziell trägt der Planet 51 Pegasi b den Namen *Bellerophon*, benannt nach dem Helden der griechischen Mythologie, der das fliegende Pferd Pegasus zähmte und die Chimäre, das Mischwesen aus Löwe, Ziege und Schlange, tötete.

Diese Entdeckung verblüffte die Astronomen, da dies ein völlig anderes Bild ergibt als in unserem Sonnensystem, wo im inneren Sonnensystem die terrestrischen, d. h. felsigen, Planeten kreisen, welche eine hohe Dichte besitzen und die massereichen Gasriesen mit geringer Dichte sich auf den äußeren Bereich beschränken. 51 Pegasi b war also nicht nur der erste extrasolare Planet um einen sonnenähnlichen Stern, sondern auch der erste eines neuen Planetentyps, des sogenannten „Hot Jupiter". Aufgrund des geringen Abstandes zwischen Stern und Planet kocht der sonnenähnliche Stern förmlich den Planeten und dieser besitzt eine gebundene Rotation, ein Tag-Nacht-Wechsel findet somit nicht statt. Interessant zu wissen ist in diesem Zusammenhang vielleicht noch, dass man dies lange Zeit auch von dem Planeten Merkur in

---

[10] Schneider (1997, S. 178–181).
[11] Röhrlich (2008, S. 28–29).

unserem Sonnensystem dachte, da ja schließlich auch der Erdmond nur eine gebundene Rotation besitzt, doch stellte man 1965 durch Radarmessungen fest, dass Merkur eine Rotationsperiode von 58,65 Tagen besitzt, während ein Umlauf um die Sonne 88 Tage dauert. Erst aufgrund dessen fand man heraus, dass ein Planet auf einer stark elliptischen Bahn mehrere stabile Rotationsperioden besitzen kann. Im Fall von Merkur beträgt die Rotationsperiode 2/3 der Umlaufzeit und man nennt dies auch 3:2-Spin-Orbit-Resonanz, Merkur rotiert also dreimal um seine eigene Achse, während er zwei Umläufe um die Sonne macht. Stabilisierende Bahnresonanzen werden uns auch noch bei einigen Exoplaneten begegnen, und dies spielt auch eine wichtige Rolle bei den Galileischen Monden des Jupiters.

Ich habe Geoff Marcy von der University of California in Berkeley im November 2009 gefragt, ob es ihn ärgert, dass er zwar die meisten Exoplaneten entdeckt hat, nicht aber den ersten. Er antwortete mir, dass die Entdeckung des Planeten um 51 Pegasi *„der glücklichste Tag meines Lebens war"* und dass diese Entdeckung ein neues Wissenschaftsfeld eröffnet, *„das die ganze Menschheit erfreut"*. Innerhalb einer Woche konnten er und Paul Butler die Entdeckung im Oktober 1995 bestätigen, und keine zwei Monate später wurden die nächsten beiden extrasolaren Planeten um die Sterne 70 Virginis und 47 Ursae Majoris von ihm entdeckt. Doch auch wenn Geoff Marcy über die Entdeckung des ersten Planeten um einen sonnenähnlichen Stern glücklich war, ärgerte es ihn, dass er den Theoretikern gegenüber, die unser Sonnensystem als Standard betrachteten, nicht kritischer war. Reto Schneider zitiert ihn in seinem Buch „Planetenjäger – Die aufregende Entdeckung fremder Welten" von 1997 mit den Worten: *„Wir waren beeinflusst von den Theoretikern, die alle erwarteten, dass andere Sonnensysteme unserem ähnlich seien. Wir hatten zu viel Vertrauen. Und ich sage das mit einer gewissen Bitterkeit."*[12]

Die Jagd nach dem ersten Planeten um einen sonnenähnlichen Stern war auch ein Wettrennen der Systeme. Zwar arbeiteten sowohl die schweizerischen Astronomen Mayor/Queloz als auch ihre amerikanischen Kollegen Marcy/Butler mit der Radialgeschwindigkeitsmethode, doch verwendeten sie unterschiedliche Spektren. Beide Teams standen nämlich vor dem Problem, die Messungen über Jahre hinweg stabil zu halten. Deshalb verwendeten die Schweizer eine Thorium-Argon-Lampe, da das Muster der Absorptionslinien von Thorium sich nicht ändert. Doch Geoff Marcy war diese Methode nicht störungssicher genug, denn die Messungen sollten nicht von einer externen Lichtquelle abhängen. Deshalb entschied er sich für eine Methode, die schon Gordon Brown in den 1980er Jahren verwendet hatte und die von Bruce Campbell entwickelt worden war. Deswegen wurde das Sternenlicht durch

---

[12] Schneider (1997, S. 135).

ein Gas, in diesem Fall Jodgas (während Brown damals noch Fluorwasserstoff verwendete), mit einem bekannten Spektrum geleitet, bevor es zum Spektrografen gelangte. Das Ergebnis war ein Gemisch aus zwei Spektren, die miteinander vergleichbar waren, und Maßstab und Messgröße waren fest miteinander verbunden. Der Aufwand bei dieser Methode ist ungleich höher, denn der Computer musste Tausende von Spektrallinien sortieren, während bei der schweizerischen Methode Sternspektrum und Thoriumspektrum nebeneinander und nicht aufeinander liegen. Doch damit nicht genug, Marcy und Butler wollten es ganz genau wissen und ließen mehrere Computerprogramme bei jeder Analyse durchlaufen, um auch winzige Änderungen des Sternenspektrums, die durch den Spektrografen verursacht werden, zu berücksichtigen, damit auch eine kleine Asymmetrie der Absorptionslinien nicht als Dopplerverschiebung und damit als Bewegung des Sterns registriert wird.[13] Diese Akribie ist aber auch der Grundstein für den Erfolg von Geoff Marcy und Paul Butler, auch wenn sie nicht den ersten Planeten um einen sonnenähnlichen Stern entdeckt haben, erreichten sie doch eine Genauigkeit von 3 m/s.[14] Nachdem man nämlich wusste, wonach man suchen musste, ging es Schlag auf Schlag. Ein Hot Jupiter nach dem anderen wurde entdeckt. Zumal auch die Computertechnologie unglaublich schnell voranschritt und ab Januar 1996 die Firma Sun die amerikanischen Planetenjäger mit Computern unterstützte und noch im Jahr 1995 auch andere Forschungsinstitute ihre Rechenpower zur Verfügung stellten.[15]

Die nächsten beiden Planeten

Zuerst entdeckte Paul Butler am 30. Dezember 1995 um 8 Uhr morgens den Planeten 70 Virginis b und rief sofort Geoff Marcy an, der umgehend zu ihm eilte. Beide konnten es kaum glauben, dass sich die Früchte der jahrelangen Arbeit endlich auszahlten. 70 Virginis b befindet sich 59 Lichtjahre von uns im Sternbild Jungfrau entfernt und besitzt die siebenfache Jupitermasse. Er zählt zu den „Eccentric Giants", die auf extrem elliptischen Umlaufbahnen um einen Stern kreisen und deren Oberflächentemperatur deshalb stark schwankt. Kurz darauf wurde auch der nächste Exoplanet, 47 Ursae Majoris b, entdeckt. Dieser ist eine jupiterähnliche Welt, die einen größeren Abstand zum Stern hat, als in unserem Sonnensystem die Erde zur Sonne. Dies ist insofern außergewöhnlich, da die meisten jupiterähnlichen Exoplaneten sehr dicht um ihre Zentralsterne kreisen. Denn ein Hot Jupiter ist aufgrund seiner starken gravitationsbedingten Auswirkungen auf den Stern wesentlich ein-

---

[13] Ebenda, S. 130–134.
[14] Ebenda, S. 138.
[15] Ebenda, S. 190.

facher zu entdecken als exzentrische oder weit entfernte Riesenplaneten, wie mir Geoff Marcy erklärte. Auch ihre Transits sind wesentlich leichter zu entdecken, als wenn ein Planet weit entfernt vom Stern an diesem vorbeizieht. Beide Entdeckungen wurden von Geoff Marcy am 17. Januar 1996 auf dem Treffen der American Astronomical Society in San Antonio, Texas, vorgestellt.

Planetenjäger – Pioniere eines neuen Wissenschaftsgebietes

Heute sind die Planetenjäger so etwas wie die heimlichen Stars der Astronomie, Pioniere eines völlig neuen Wissenschaftsgebietes. In den 1980er und frühen 1990er Jahren war es hingegen anders, damals wurden sie von vielen Astronomen eher als Exoten betrachtet und belächelt, da man nicht daran glaubte, mit den begrenzten technischen Möglichkeiten Planeten in anderen Sonnensystemen aufzuspüren. Als so etwas wie die UFO-Forscher der Astronomie verspottet war es natürlich ein großes Risiko für die wissenschaftliche Karriere, sich auf diesem Gebiet zu spezialisieren. Geoff Marcy sagte mir, dass er Antworten auf die großen Fragen haben wollte: *„Ist die Erde ungewöhnlich im Universum?"*, *„Sind andere bewohnbare Welten gewöhnlich oder selten?"* und *„Ist Leben im Universum gewöhnlich oder selten?"* und sich deshalb entschloss nach fernen Welten zu suchen. Allerdings mussten er und Paul Butler zwölf Jahre hart arbeiten und kontinuierlich Daten sammeln, bevor sich die Mühe endlich auszahlte und sie mit 70 Virginis und 47 Ursae Majoris ihre ersten beiden extrasolaren Planeten entdeckten. Über 100 weitere Planeten sind seitdem mit der Dopplermethode entdeckt worden, und auch wenn die Erfolge unbestritten sind, versuchen die beiden weiterhin die Unsicherheiten und Fehler der vorhandenen Technik zu analysieren und zu beseitigen, sodass sich auch noch viele weitere und vor allem kleinere Planeten aufspüren lassen.

Die Planetenjägerin Debra Fisher war zu diesem Zeitpunkt gerade mit ihrer Doktorarbeit am UC Santa Cruz beschäftigt und überaus verblüfft über die Entdeckung von 51 Pegasi. Sie sagte mir, *„dass dies ein unglaublicher historischer Moment war, die Geburt eines neuen Feldes der Astronomie."*

Außerdem erzählte sie mir, wie Geoff Marcy ihr eine Postdoc-Stelle am Lick Observatory mitten auf dem Rückflug von einer Tagung anbot, und wie sie vor Freude in die Luft sprang und beinahe auf einem anderen Flugpassagier gelandet wäre. *„Es war eine Gelegenheit, die mein Leben veränderte. Die Entdeckung von Exoplaneten hat einen tiefen Einfluss auf mich, es war von Anfang an klar, dass die Suche nach Exoplaneten eigentlich die Suche nach Leben war."*

Ein besonderes Sonnensystem für Geoff Marcy als auch Debra Fisher ist Ypsilon Andromedae mit seinen drei Planeten. Es ist das erste Mehrfachplanetensystem, das entdeckt wurde, und bis zu seiner Entdeckung waren auch hier viele Wissenschaftler skeptisch ob ein solches System überhaupt existiert. Bis 1999 Forscher der San Francisco State University und des Harvard Smithsonian Center for Astrophysics unabhängig voneinander die Entdeckung der Planeten des Sterns im Sternbild Andromeda verkündeten. Die drei Planeten tragen übrigens die Spitznamen Fourpiter, Twopiter und Dinky. Eine Grundschulklasse aus Moscow in Idaho hatte dies in einen Brief vorgeschlagen und es wurde so von den beteiligten Wissenschaftlern übernommen.

Allgemein faszinierend für die Forscher ist, dass die bisher entdeckten Exoplaneten so viele unerwartete Eigenschaften besitzen.

Literatur

Cassen, P., Guillot, T., Quirrenbach, A.: Extrasolar Planets, S. 6. Springer (2006)

Fridlund, M., Kaltenegger, L.: Mission requirements: how to search for extrasolar planets. In: Extrasolar Planets, S. 51. Wiley VCH, Weinheim (2008)

Ge, J.: Doppler Exoplanet surveys: from single object to multiple objects. In: (Hrsg) Exoplanets, S. 22. Springer, Heidelberg (2008)

Haghighipour, N.: Formation, dynamical evolution and habitability of planets in binary star systems. In: (Hrsg) Exoplanets, S. 223. Springer, Heidelberg (2008)

Kürster, M., Zechmeister, M.: Planeten bei Barnards Stern, S. 44–51. In: Zeitschrift SuW (02/2010)

Röhrlich, D.: Hallo? Jemand da draußen? S. 28–29, 31–32. Spektrum Akademischer Verlag, Heidelberg (2008)

Shostak, S.: Confession of an alien hunter, S. 17. National Geographic Society (2009)

Schneider, R.U.: Planetenjäger, S. 37, 135, 178–181, 262. Birkhäuser Verlag, Basel (1997)

3

Die Techniken für die Jagd nach Exoplaneten

Was wir wissen, ist ein Tropfen, was wir nicht wissen, ist ein Ozean.
Isaac Newton (1643–1727)

Wie bereits erwähnt, kann man Objekte im All nur sehen, wenn sie selbst Licht ausstrahlen oder von einem anderen Objekt angestrahlt werden. Ein Stern überstrahlt aber milliardenfach die Lichtstärke eines Planeten, der selbst nicht leuchtet und nur angeleuchtet wird. Das Aufspüren von extrasolaren Planeten ist deswegen alles andere als einfach, so als ob man versucht, das schwache Licht einer Kerze neben einem Leuchtturm aus 1000 km Entfernung zu sehen.

Da es auch im Infrarotbereich nicht wirklich besser aussieht, weil die Wärmestrahlung eines Planeten neben der eines Sterns verblasst, ist es einfacher auf indirekte Methoden zurückzugreifen, zumal unsere heutige Teleskoptechnik oft noch nicht weit genug entwickelt ist für die Jagd nach Planeten im optischen Bereich des elektromagnetischen Spektrums.

Deswegen ist es einfacher, auf den Stern zu schauen und auf Änderungen in der Helligkeit oder der Bewegung eines Sterns zu achten, die durch einen Planeten verursacht werden können. Doch auch hierbei gibt es keine Methode, die uns alle Eigenschaften eines fremden Planeten enthüllt, weswegen kombinierte Beobachtungen mittels verschiedener Methoden heutzutage noch am gewinnbringendsten sind. Debra Fisher brachte es auf den Punkt, als sie mir sagte: *„Es ist die Kombination von verschiedenen Techniken, die uns ein tieferes Verständnis der Planeten bringt. Wir lernen gerade etwas über die innere Struktur und Atmosphäre von Planeten, die wir nicht sehen können, in einer Umlaufbahn um Sterne, die Hunderte von Lichtjahren entfernt sind. Der Reichtum dieser kollektiven Informationen ist unglaublich."*

Radialgeschwindigkeitsmethode/Dopplermethode

Aufgrund der gegenseitigen Massenanziehung zieht nicht nur der Stern mit seinen gewaltigen Gravitationskräften an einem Planeten, sondern dieser zieht auch am Stern, wodurch dieser leicht ins Wanken kommt, da beide Körper um ein gemeinsames Massezentrum kreisen. Dieses Schwanken kann man dank des Dopplereffektes aufspüren.

Mit dieser Methode wurden bislang die meisten der bekannten Exoplaneten aufgespürt, dabei handelt es sich fast ausschließlich um sehr massereiche Planeten, ähnlich dem Planeten Jupiter, die auf engen Umlaufbahnen, in nur wenigen Tagen, um einen Stern kreisen.

Das Problem bei der Suche nach Exoplaneten mit dieser Methode ist, dass sich auch die Erde bewegt und das sogar mit fast 30 km/s, sodass man diese Eigenbewegung herausrechnen muss, während die eigentliche Geschwindigkeitsvariation des Sterns oft nur um die 10 m/s beträgt. Die Bewegung unseres Sonnensystems um das Zentrum der Galaxis spielt hierbei allerdings keine Rolle, da die Zeitabstände der Messung hierfür zu kurz sind, um einen Einfluss auf die Messergebnisse zu haben.[1,2]

Um die genauen Auswirkungen von einem oder mehreren Planeten auf einen Stern zu bekommen, ist es auch wichtig, die Masse des Sterns zu kennen, doch leider sind unsere heutigen (ausgeklügelten) Sternmodelle noch nicht wirklich akkurat, weshalb die Werte für die Masse um einige Prozentpunkte schwanken. Auch die exakte Masse des Planeten ist nicht einfach zu ermitteln, da man nicht weiß, in welcher Ebene der Planet um den Stern kreist und somit immer nur eine Mindestmaße bestimmt werden kann.[3]

Ferner ist es natürlich von Vorteil, über eine Vielzahl von Beobachtungsdaten zu verfügen, doch ist dies oft nicht der Fall, insbesondere dann, wenn ein Planet auf einer stark elliptischen Umlaufbahn kreist und nur selten in Sonnennähe ist. Was natürlich auch die numerischen Analysemöglichkeiten erschwert.

Auch das Aufspüren von erdähnlichen Planeten ist mit dieser Methode alles andere als einfach, da ein Planet wie die Erde mit einem Abstand von 1 AU zu einem sonnenähnlichen Stern gerade mal eine Amplitude von 0,1 m/s über die Periode von einem Jahr verursacht, während natürliche Schwankungen im Sternenleben größere Auswirkungen haben und sich öfter ereignen. Zwar sieht es bei einem kleineren Stern, z. B. einen Zwergstern, bei den Auswirkungen des Planeten etwas besser aus, dafür aber nicht bei der solaren Aktivität.[4]

---

[1] Beaugé et al. (2008, S. 2).
[2] Irwin (2008, S. 3).
[3] Seager (2010, S. 6).
[4] Friedlund und Kaltenegger (2008, S. 58).

Grundsätzlich unterscheidet man bei der Doppler-Methode zwei unterschiedliche Verfahren. Zum einen die High Resolution Cross-Dispersed Echelle Method (kurz Echelle-Methode) und die Dispersed Fixed-Delayed Interferometers Method (kurz DFDI-Methode). Die Präzision der Echelle-Methode hängt dabei im Wesentlichen von der spektralen Auflösung ab und steht im direkten Zusammenhang mit der Wellenlängenerfassung und dem stellaren Fluss. Die DFDI-Methode zeichnet hingegen die Interferenz der Randphasenschicht auf. Sie unterscheidet sich auch durch die instrumentelle Auflösung und erlaubt zumindest theoretisch wesentlich kleinere und kostengünstigere Instrumente. Ferner ist die DFDI-Methode fähig, multiple Objekte aufzuzeichnen, während die Echelle-Methode für einzelne Objekte gedacht ist. Doch während mit der älteren Echelle-Methode schon zahlreiche Planeten entdeckt wurden, steckt die neuere DFDI-Methode noch am Anfang und erst 2006 wurde mit HD 102195 b der erste Exoplanet mit dieser Methode aufgespürt, wobei diese Entdeckung bisher nicht bestätigt wurde und nicht alle Planetenjäger von dieser Methode überzeugt sind.[5]

Mikrolinseneffekt/Gravitationslinseneffekt

Bei dieser Methode sucht man gezielt nach Mikrolinsen-Effekten, also der Vergrößerung eines Objektes durch eine natürliche Linse, sprich einem massereichen Objekt, das nach Einsteins Relativitätstheorie das Licht eines weiter entfernten Objektes beugt.

Sowohl das Optical Gravitational Lensing Experiment (OGLE) unter Leitung der Universität Warschau und in Zusammenarbeit mit dem Las Campanas Observatoriums in Chile als auch das japanisch-neuseeländische Microlensing Observations in Astrophysics Program (MOA-Programm) haben mit dieser Methode schon erfolgreich Planeten außerhalb unseres Sonnensystems aufgespürt.

Der erste Exoplanet, der durch den Mikrolinseneffekt aufgespürt wurde, war OGLE-2003-BLG-235Lb/MOA-2003-BLG-53L, der durch eine Zusammenarbeit der beiden Programme aufgespürt wurde und deswegen auch die Doppelbezeichnung trägt. Er hat die 2,5-fache Jupitermasse und befindet sich etwa 750 Mio. km von seinem Zentralstern entfernt. 2005 kamen gleich drei weitere Planeten hinzu. OGLE 2005-BLG-071Lb besitzt die vielfache Jupitermasse, OGLE 2005-BLG-169Lb besitzt etwa die 15-fache Masse der Erde und OGLE 2005-BLG-390Lb ist sogar nur 5,5-mal schwerer als die Erde, dessen Entdeckung eine Überraschung war und sehr vielversprechend ist.

---

[5] Ge (2008, S. 21–28).

Diese Methode steckt aber genau wie die Astrometrie noch in den Kinder-schuhen und ist noch weit davon entfernt, ihr volles Potenzial abzurufen, könnte aber in den nächsten Jahrzehnten eine wichtige Rolle bei der Jagd nach Exoplaneten spielen.[6] Zumal man durch diese Methode auch sehr weit entfernte Exoplaneten in mehreren Tausend Lichtjahren aufspüren kann, während die meisten bis heute entdeckten Planeten innerhalb eines Radius von 400 Lichtjahren liegen. Doch lässt sich mit dieser Methode nicht die Entfernung zur Linse exakt bestimmen und auch die Masse der entdeckten Planeten hat eine Fehlertoleranz, weshalb nicht auszuschließen ist, dass der ein oder andere „Planet" vielleicht sogar ein Brauner Zwerg ist. Auch ist eine Bestätigung durch ein anderes Teleskop nicht möglich, da die Linsen zufällig auftreten.

Überraschenderweise scheinen relativ viele der mit dieser Methode ent-deckten Planeten, insbesondere in jungen sternbildenden Regionen, gravita-tiv nicht an einen Stern gebunden und es handelt sich somit um freifliegende Objekte planetarer Masse, die unter dem bereits erwähnten Begriff Planemo bekannt sind.[7]

Planetensuche in fremden Galaxien

Dank Gravitationslinseneffekt könnte es sogar gelingen, Planeten außer-halb unserer eigenen Galaxie aufzuspüren, zumindest ist Philippe Jetzer vom Institut für Theoretische Physik der Universität Zürich hiervon überzeugt. Da Computersimulationen zeigen, dass es selbst mit mittelgroßen Telesko-pen möglich sein sollte, Planeten in benachbarten Galaxien, wie z. B. der Andromeda-Galaxie, aufzuspüren, obwohl normalerweise selbst Teleskope mit einem Spiegel von 2 m nicht einmal einzelne Sterne von M31 auf einen CCD-Chip ablichten können. Doch im Fall von PA-99-N2 könnte dies sogar schon geklappt haben, da erste Analysen zeigen, dass dieser Stern von einem Planeten mit der sechs- bis siebenfachen Masse des Jupiters umkreist wird.[8]

Stellar Interferometrie

Bei der Interferometrie werden die empfangenen Daten von mehreren Tele-skopen kombiniert und die meisten Forscher sind sich sicher, dass mit dieser Methode noch zahlreiche Welten entdeckt werden könnten. In der Radio-astronomie erreicht man mit dieser Methode eine Winkel-Auflösung in der

---

[6] Beaugé et al. (2008, S. 2).
[7] Sumi (05/2011, S. 349–352).
[8] Hattenbach, S. 17–23.

Größenordnung von 0,1 Millibogensekunden, doch leider nur bei sehr intensiven Radioquellen und nur in einer begrenzten Reichweite. Deswegen arbeitet man an Konzepten, diese Methode auch im nahen Infrarot- und Optischen Bereich des elektromagnetischen Spektrums einsetzen zu können.[9]

Gerade durch die Kombination von Weltraumteleskopen erhoffen sich die Planetenjäger mit dieser Methode eine Winkel-Auflösung von nur wenigen Mikrobogensekunden, um auch nach erdähnlichen Planeten suchen zu können.

Astrometrie

Bei dieser Methode wird exakt die Bewegung eines Sterns über einen längeren Zeitraum gemessen, wenn dieser am Firmament vorbeizieht, und es wird dessen Ablenkung (Schlangenlinie) von der vorhergesagten Bewegung ausgewertet, wobei der Einfluss eines Planeten wenige Millibogensekunden beträgt. Zwar könnte man mit dieser Methode auch die absolute Masse und die orbitale Inklination eines Planeten bestimmen, doch leider ist diese Methode bisher nicht sehr erfolgreich und die meisten möglichen Planeten, die durch diese Methode aufgespürt wurden, konnten durch keine der anderen Methoden verifiziert werden.[10] Lediglich der jupitergroße Exoplanet VB 10b konnte im Mai 2009 um einen kleinen Stern mit dieser Methode entdeckt werden, doch auch diese Entdeckung konnte bei einer neueren Untersuchung mit der Radialgeschwindigkeitsmethode nicht bestätigt werden.[11] Die Forscher sind sich aber sicher, dass diese Methode in Zukunft noch eine größere Rolle bei der Suche nach massereichen Planeten in weitläufigen Umlaufbahnen um massearme Sterne spielen könnte, insbesondere beim Zusammenspiel mit der Long-Baseline-Interferometrie. Mit der Gaia-Mission der ESA ist eine Missionen in Planung, die diese Methode verwenden wird, wohingegen die Space Interferometry Mission (SIM) der NASA im Jahr 2010 eingestellt wurde.

Die Transitmethode für die Entdeckung extrasolarer Planeten

Die Transitmethode ist vor allem für weltraumbasierte Teleskope wie COROT oder Kepler geeignet. Wenn ein Planet an der Vorderseite (vom Betrachter aus) eines Sterns vorbeizieht, nennt man diesen Vorgang einen Transit (Abb. 3.1).

---

[9] Casoli und Encrenaz (2007, S. 156).
[10] Irwin (2008, S. 4).
[11] Kein Exoplanet bei VB 10, in: Zeitschrift SuW (02/2010), S. 17.

Abb. 3.1   Künstlerische Darstellung eines Transits. © ESO/L. Calçada

Dies kann man nicht nur bei Exoplaneten beobachten, sondern auch bei den Planeten aus unserem Sonnensystem. Von der Erde aus eignen sich dazu die häufigen Merkur- und die seltenen Venustransits. Je größer der vorbeiziehende Planet dabei ist, desto größer ist die Abdunkelung des Lichts des Sterns und genau hier liegt auch eine der Schwierigkeiten des Verfahrens, denn die interessantesten Exoplaneten, die terrestrischen Planeten, sorgen nur für eine minimale Änderung in der Helligkeit des sonnenähnlichen Sterns für einen Zeitraum von 2 bis zu 16 h, während eine jupitergroße Welt immerhin für eine Helligkeitsschwankung in der Größenordnung von 1 % sorgt. Bei einem Roten Zwerg hingegen sieht das Verhältnis etwas besser aus. Um eine natürliche Schwankung des Sterns auszuschließen – und faktisch besitzt kein Stern eine konstante Lichtquelle –, muss diese Änderung dazu periodisch auftreten, denn nur dann hat man einen Hinweis auf einen möglichen planetaren Begleiter und auch hier ist ein jupitergroßer Planet, der sehr nahe, in nur wenigen Stunden, um einen Stern kreist, wesentlich leichter aufzuspüren als ein terrestrischer Planet in der habitablen Zone. Aufgrund dieser Umstände ist es vorteilhafter nicht nur auf einen Stern, sondern auf eine Vielzahl von Sternen gleichzeitig zu schauen.

Einmal entdeckt kann die Größe der Planetenumlaufbahn durch die Umlaufperiode des Planeten – je näher der Planet um den Stern kreist, umso schneller zieht er seine Bahnen – und durch die Masse des Sterns kalkuliert werden, indem man Keplers dritte Bewegungsgleichung unter Zuhilfenahme der Newtonschen Gravitationskonstante benutzt. Die Größe des Planeten – die mit der Transitmethode entdeckten Planeten sind die einzigen Planeten außerhalb unseres Sonnensystem mit einer bekannten Größe – lässt sich von der Helligkeitsschwankung während des Transits und der Größe des Sterns ableiten. Aus der ermittelten Planetengröße kann ferner die Dichte abgeleitet und die Masse abgeschätzt werden.[12]

Durch die Temperatur des Sterns kann auch auf die Oberflächentemperatur des Planeten geschätzt werden und somit lässt sich gleich sagen, ob Leben, so wie wir es kennen, auf diesem Planeten möglich ist oder nicht.

Ein großer Vorteil dieser Methode ist, dass man durch das empfangene Lichtspektrum, das sich aus dem Spektrum des Sterns und des Planeten zusammensetzt, Rückschlüsse auf die Atmosphäre des Planeten ziehen kann. Doch haben Gasriesen oder terrestrische Planeten mit einen dichten Atmosphäre keine scharfen Abgrenzungen sondern lediglich undeutliche Kanten und das Sternenlicht wird durch die obere Atmosphäre des Planeten gefiltert, indem dieses teilweise blockiert wird.[13]

Bereits 1994 versuchte man beim Transit of Extrasolar Planets program (TEP-Programm) Planeten mit dieser Methode aufzuspüren, was aber nicht gelang. Erst 1999 konnte ein Transit bei dem schon vorher bekannten Planeten HD 209458 b beobachtet werden, der auch als Osiris bekannt ist, und erst das Optical Gravitational Lensing Experiment entdeckte im Jahr 2003 mit OGLE-TR-56 b den ersten unbekannten Planeten mit dieser Methode.[14]

Seitdem konnten über 200 Welten mit der Transitmethode aufgespürt werden, doch leider reicht die Auflösung bisher noch nicht aus, um mit dieser Methode auch Exomonde, d. h. Monde um einen extrasolaren Planeten, aufzuspüren. Doch Lisa Kaltenegger vom Harvard Smithsonian Center for Astrophysics (CfA) ist sich sicher, dass wir auch hierfür schon in wenigen Jahren die technischen Möglichkeiten haben werden.

Literatur

Beaugé, C., Ferraz-Mello, S., Michtchenko, T.A.: Planetary masses and orbital parameters from radial velocity measurements. In: Extrasolar Planets, S. 2. Wiley VCH, Weinheim (2008)

---

[12] Haswell (2010).
[13] Seager (2010, S. 61).
[14] Rauer und Erikson (2008, S. 207–209).

Casoli, F., Encrenaz, T.: The New Worlds, S. 156. Springer, Berlin (2007)

Friedlund, M., Kaltenegger, L.: Mission requirements: How to search for extrasolar planets. In: Extrasolar Planets, S. 58. Wiley VCH, Weinheim (2008)

Ge, J.: Doppler exoplanet surveys: From single object to multiple objects. In: Exoplanets, S. 21–28. Springer, Heidelberg (2008)

Haswell, C.A.: Transiting exoplanets, S. 11. Cambridge University Press, Cambridge (2010)

Hattenbach, J.: Planetensuche in fremden Galaxien. In: Zeitschrift SdW 10/09, S. 17–23

Irwin, P.G.J.: Detection methods and properties of known exoplanets. In: Exoplanets, S. 3, 4. Springer, Heidelberg (2008)

Kein Exoplanet bei VB 10. In: Zeitschrift SuW (02/2010), S. 17

Rauer, H., Erikson, A.: The transit method. In: Extrasolar Planets, S. 207–209. Wiley VCH, Weinheim (2008)

Seager, S.: Exoplanets. S. 6, 61 The University of Arizona Press, Tucson (2010)

Sumi, T.: Unbound or distant planetary mass population detected by gravitational microlensing, S. 349–352. In: Zeitschrift Nature (05/2011)

4

Teleskope und Missionen für die Suche nach Exoplaneten

To advance the frontiers of astronomy and share our discoveries with the world.

Mission des W. M. Keck Observatory

Für die Suche nach extrasolaren Planeten ist ein weltraumbasiertes Teleskop besonders geeignet, da es vom Tag-Nacht-Wechsel, saisonalen Bedingungen und atmosphärischen Störungen befreit ist, zumal die Erdatmosphäre das einfallende Licht von Sternen streut, was man auch als Flimmern mit bloßem Auge erkennt. Zwar gibt es technische Möglichkeiten, dem entgegenzuwirken, wie zum Beispiel die adaptive Optik, dennoch sind die Möglichkeiten begrenzt und reichen noch nicht aus, um erdgroße Planeten um ferne Sterne aufzuspüren. Zum anderen kommen auch nicht alle Wellenlängen durch die Atmosphäre, da diese blockiert oder absorbiert werden, wie zum Beispiel Röntgen- oder Gammastrahlen. Dennoch leisten mit dem Very Large Telescope der ESO und dem W. M. Keck Observatory auch zwei bodenbasierte Observatorien einen wichtigen Beitrag.

Die Idee, ein Teleskop mittels einer Rakete ins All zu befördern, wurde übrigens zum ersten Mal von dem deutschen Raketenpionier Hermann Oberth 1923 befürwortet. 1946 war es dann der amerikanische Astronom Lyman Spitzer, nachdem auch das Spitzer-Weltraumteleskop benannt ist, der die Idee zu den heutigen Weltraumteleskopen publizierte.

Corot

COROT (Abb. 4.1) steht für **CO**nvection **RO**tation and planetary **T**ransits und ist eine europäische Mission unter Führung der französischen Raumfahrtorganisation CNES (*Centre National d'Etudes Spatiales*) in Verbindung mit der nationalen französischen Forschungsorganisation CNRS (*Centre national de la recherche scientifique*), die zusammen 70 % der Kosten tragen. Die

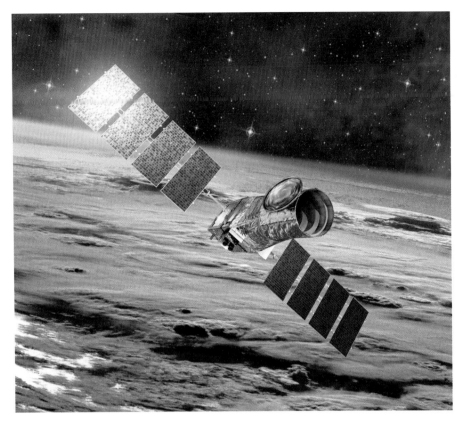

Abb. 4.1   Künstlerische Darstellung des COROT-Satelliten. © CNES/D.Ducros

restlichen 30 % entfallen auf mehrere andere europäische Länder und ein kleiner Teil auch auf Brasilien.

COROT besitzt ein 27 cm breites Teleskopsystem und 4 CCD-Kameras mit jeweils 2048 × 2048 Pixeln, um kleine Veränderungen im Lichtspektrum eines Sterns aufzuspüren. Gebaut wurde das Teleskop von der Firma Thales Alenia Space im südfranzösischen Cannes. Zunächst sollte die Missionsdauer 2,5 Jahre betragen, doch wurde diese inzwischen um weitere drei Jahre verlängert und sollte eigentlich bis März 2013 andauern, doch ein Computerdefekt im November 2012 verhinderte dies. Ein ähnliches Problem konnte im Jahr 2009 durch das Ausweichen auf eine andere Recheneinheit gelöst werden, doch wurde dieses Mal leider keine Lösung gefunden und die Mission im Juni 2013 für offiziell beendet erklärt.

An der Entwicklung des Teleskops und der Instrumente waren mehr als 100 Ingenieure von verschiedenen Laboratorien und der CNES beteiligt und mehr als 80 Wissenschaftler warten auf die aufgezeichneten Daten, um sie auswerten zu können. Die ersten Studien zu dieser Mission wurden bereits im

Februar 1994 begonnen und mündeten in den Beginn der Entwicklung im Oktober 2000, bevor im Januar 2006 der Zusammenbau des Systems begann.

Am 27. Dezember 2006 startete COROT mit einer russischen Sojus-2/ Fregat-Rakete vom Weltraumbahnhof Baikonur und das 300 kg schwere Weltraumteleskop wurde auf eine polare Erdumlaufbahn gebracht, 896 km über unseren Köpfen. Man entschied sich für ein russisches Trägersystem, da ein Start mit einer Ariane-5-Rakete deutlich teurer gewesen wäre. Um einen noch niedrigeren Startpreis zu bekommen, akzeptierte man auch einen „Test-Start" mit einer neuen Version der Sojus-Rakete. Ferner sind Starts auf einem polaren Orbit mit der Ariane 5 sehr selten und der COROT-Satellit ist auch zu klein für deren Nutzlastraum, um ihn alleine zu starten. Er gehört zu der 1996 entwickelten PROTEUS Minisatellitenserie (*Plate-forme Reconfigurable pour l'Observation, les Télécommunications et les Usages scientifiques: Reconfigurable Platform for Observation, Telecommunications and Scientific Uses*) und ist nach Jason-1 und Calipso erst die dritte Mission ihrer Art.

COROT überwachte gleichzeitig 12 000 Sonnen und peilte für jeweils 150 aufeinanderfolgende Tage eine Region im Sternbild Einhorn, Adler, Schild oder Schlange an. Dabei überwachte das Teleskop die Helligkeit der Sterne: Kam es hierbei zu periodischen Schwankungen, war dies der erste Hinweis auf die Anwesenheit eines Exoplaneten. Doch diese Schwankungen können auch natürlichen Ursprungs oder in einem Mehrfachsternsystem auf eine anderen Stern zurückzuführen sein, weswegen erst diese Alternativen ausgeschlossen werden mussten. Dies bezeichnet man, wie in Kapitel 3 erklärt, als Transitmethode. Unterbrochen wurden die Beobachtungen nur durch das periodische Ausrichten der Solarpaneele und Kalibrierungsmaßnahmen. Jean Schneider vom Observatoire de Paris und einer der führenden Köpfe hinter der COROT-Mission ist sich unser Verständnis der Exoplaneten erweitert wurde und da noch nicht alle Forschungsdaten ausgewertet wurde, sind auch noch weitere Entdeckungen möglich.

Der Durchmesser von COROT betrugt 1,984 m bei einer Länge von 4,10 m. Die Solarpaneele hatten eine Spannweite von 9 m und liefern 530 W Energie. Das Teleskop bestand aus zwei Spiegeln, die als afokales System angeordnet waren, wodurch die Größe des Lichtstrahls reduziert wurde. Am Ausgang des afokalen Systems befand sich ein dioptrisches Objektiv, bestehend aus sechs Linsen, das dem Bild als Brennebene dient. Wenn das Teleskop im Exoplanetenmodus befand, zeichnete im Vorderteil des Detektors ein Prisma ein kurzes Spektrum jedes Sterns auf, um zwischen dem Auftreten eines Flares und dem Transit eines Planeten unterscheiden zu können.

Im Astroseismologiemodus hingegen konnte auch das Innere eines Sterns untersucht werden, und für jeden Modus standen zwei CCDs zur Verfügung.

Da die Ziele unterschiedlich groß sind, waren auch die Aufnahmegeschwindigkeit und das Management der CCDs unterschiedlich.

Die Spiegel bestanden aus Zerodur, einem glaskeramischen Werkstoff, der durch eine kontrollierte Volumenkristallisation hergestellt wird. Dieses Material wird verwendet, da es nicht bei Temperaturänderungen expandiert oder sich zusammenzieht. Wohingegen das Verbindungselement zwischen den Spiegeln aus Verbundwerkstoffen mit einem sehr niedrigen thermalen Koeffizienten bestand.

Im Frühling 2007 hat COROT seinen ersten Exoplaneten entdeckt. Das exakte Datum einer Entdeckung eines extrasolaren Planeten ist dabei allerdings nicht einfach anzugeben, da es unterschiedliche Auffassungen gibt. Für die einen zählt der Tag, an dem man herausgefunden hat, dass womöglich ein Planet für die beobachteten Veränderungen verantwortlich ist, während die anderen erst zählen, wenn ein anderes Observatorium die Entdeckung bestätigt und bis dahin können leicht mehrere Monate vergehen. Der Planet mit der 1,3-fachen Masse des Jupiters und dem knapp zwanzigfachen Erddurchmesser bekam die Bezeichnung COROT- 1b und liegt etwa 1500 Lichtjahre entfernt. Der entdeckte Planet gehört zu den Hot Jupiter und benötigt für einen Umlauf um die Sonne nur 1,5 Tage.

COROT entdeckte ferner auch eine kosmische Merkwürdigkeit. COROT-3b besitzt die Größe des Planeten Jupiter, ist aber 21,6 Mal schwerer, und die Forscher sind sich nicht sicher, ob es sich hierbei tatsächlich um einen Planeten oder einen Braunen Zwerg handelt. Zumal COROT-3b sehr dicht um den Zentralstern kreist und ihn in vier Tagen und sechs Stunden umläuft. Bisher wurden nur jupitergroße Planeten mit der max. zwölffachen Masse des Gasgiganten nahe um einen Stern entdeckt oder aber kleinere Sterne mit der 70-fachen Jupitermasse. Deshalb glaubten die Astronomen, dass zwischen diesem Bereich nichts existiert. Doch entweder handelt es sich bei COROT-3b um den schwersten Exoplaneten, der zweimal so dicht wie Blei ist, oder aber um einen *failed star*, auch Brauner Zwerg genannt. Wobei die Grenze zwischen Planet und Brauner Zwerg noch nicht abschließend definiert ist. Dennoch bleibt die Frage, wie ein so massereiches Objekt so nah an einem Stern entstehen bzw. überleben konnte.[1]

Interessant ist auch die Entdeckung vom März 2010 von COROT-9b, welcher 1500 Lichtjahre im Sternbild Schlange entfernt ist. Dieser Planet mit einer ähnlichen Masse und Größe wie Jupiter kreist in etwa 95 Tagen um seinen Stern und nähert sich diesem dabei auf 54 Mio. km. Die Temperaturen auf dieser Welt liegen wahrscheinlich zwischen – 20° und 160 °C und Wissenschaftler

---

[1] http://smsc.cnes.fr/COROT/obj_unique_200810.htm (31.08.2010).

Abb. 4.2 Künstlerische Darstellung des Kepler-Teleskops. © NASA/Kepler mission/ Wendy Stenzel

halten es für möglich, dass zwar nicht der Planet selbst, aber womöglich einer seiner hypothetischen Monde lebensfreundlich sein könnte.

Kepler

Das nach dem deutschen Astronomen benannte Weltraumteleskop Kepler (Abb. 4.2) wurde am 7. März 2009, nach mehreren Verzögerungen aufgrund von Budgetkürzungen bei der NASA, mit einer Delta-II-Rakete gestartet. Die amerikanischen Wissenschaftler entschieden sich dafür, ihr Weltraumteleskop nach Johannes Kepler zu benennen, da er der Erste war, der die korrekten Umlaufbahnen der Planeten um die Sonne erkannte und aus dieser Erkenntnis und den Beobachtungsdaten Tycho Brahes die drei Gesetze der Planetenbewegung herleitete, wie mir Alan Gould von der University of California in Berkeley erzählte. Zwei der drei Gesetze wurden 1609 veröffentlicht, 400 Jahre vor dem Start der Kepler-Mission. Keplers drittes Gesetz hilft heute noch, die Größe der Umlaufbahn aus den aufgezeichneten Transits eines Exoplaneten zu bestimmen. Im Mai 2013 wurde bekannt, dass es technische Probleme gibt, und aktuell wird noch nach einer Lösung gesucht.

Das Kepler-Weltraumteleskop wurde auf einen der Erde folgenden heliozentrischen Orbit gebracht, es befindet sich deshalb nicht in einem direkten Erdorbit, damit die Erde nicht die Beobachtungen beeinflusst. Zum ersten Mal vorgeschlagen wurde eine Mission dieser Art von Bill Borucki und Audrey L. Summers im April 1984 in einem Artikel mit dem Titel „The photometric method of detecting other planetary systems" in der offiziellen Publikation Icarus der American Astronomy Society. Auch das Ames Research Center der NASA veranstaltete ab Mitte der 1980er Jahre Workshops zu diesem Thema.

Dennoch mussten einige Rückschläge hingenommen werden, denn auch wenn man der Idee offen gegenüberstand, wurden die Anträge für so ein Weltraumteleskop mehrmals abgelehnt. So mussten die beteiligten Wissenschaftler erst durch Labortests zeigen, dass die CCDs präzise genug waren und dass ein Fotometer Tausende von Sternen gleichzeitig überwachen kann und auch die Auflösung besitzt, erdähnliche Planeten aufzuspüren. Zudem wurde die ursprüngliche Idee von einem Orbit auf einem der Lagrange-Punkte verworfen, um das Antriebssystem, das nötig gewesen wäre, das Teleskop an diesem Punkt zu halten, zu verkleinern und so weiter die Kosten zu reduzieren – bis im Dezember 2001 die Mission endlich genehmigt wurde.

Es gehört zum Discovery Programm der NASA und ist die erste Mission der amerikanischen Raumfahrtbehörde, mit der bewusst nach erdgroßen extrasolaren Planeten gesucht wird, die anders als die bisher bekannten Super-Erden nur halb bis doppelt so groß wie unser Blauer Planet sind. Es wird erwartet, dass Hunderte solcher fremder Welten entdeckt werden.

Für Geoff Marcy ist diese Mission klar der Favorit unter den Planetenjägermissionen, und er ist sich sicher, dass Kepler erdähnliche Planeten aufspüren wird. Auch Alex Wolszczan wäre sehr enttäuscht, wenn diese Mission nicht unser Verständnis der Exoplaneten revolutionieren würde.

Kepler schaut permanent auf die sternreiche Cygnus-Lyra-Region innerhalb der Milchstraße, die auch noch den Vorteil besitzt, dass unsere Sonne während der ganzen Missionsdauer nicht dazwischenfunkelt. Lediglich wenn es einmal im Monat über sein Ka-Band. (Downloadgeschwindigkeit 4,33125 Mbps) wissenschaftliche Daten an das Deep Space Network auf der Erde überträgt, schaut es in eine andere Richtung.

Für Kommando-, Status- und Gesundheitsmeldungen hingegen verfügt das System über eine separate X-Band-Antenne (Uploadgeschwindigkeit 7,8125 bps bis zu 2 kbps und Downloadgeschwindigkeit 10 bps bis zu 16 kbps), mit der zweimal in der Woche Daten ausgetauscht werden.

Eigentlich sollte das Teleskop mit einer High-gain Antenna (HGA) mit einer kardanischen Aufhängung ausgestattet sein, doch entschied man sich im März 2006 anders, um Kosten zu sparen und die Komplexität zu verringern. Jetzt befindet sich die Antenne direkt am Raumfahrzeug. Dadurch wird zwar auch die Fehleranfälligkeit verringert, doch geht hierdurch ein Beobachtungstag pro Monat verloren, da sich das gesamte Raumfahrzeug immer drehen muss, um Daten zu übertragen oder zu empfangen.

Das Teleskop untersucht über 100 000 Hauptreihensterne nach verräterischen Signalen von Planeten und die Missionsdauer beträgt zunächst nur 3,5 Jahre, kann aber auf mindestens sechs Jahre erweitert werden. Betreut wird die Mission vom Ames Research Center der NASA, während die Entwicklung des Systems vom Jet Propulsion Laboratory (JPL) der NASA betrieben wurde. Das Grundgerüst wurde von der Firma Ball Aerospace & Technologies Corp. aus Colorado gebaut, die CCDs stammen von der Firma E2V aus England und die „mirror blanks" für die Haupt- und Korrekturplatte, welche aus geschmolzenem Siliziumoxid bestehen, stammen von der New Yorker Firma Corning Incorporated, welche vor allem für ihr Gorillaglas für die iPhones dieser Welt bekannt ist. Das Unternehmen Brashear LP aus Pennsylvania fertigte die Haupt- und Korrekturplatte für das Schmidt-Teleskop, dem Hauptinstrument. Die Delta-II-Rakete wird von Boeing gebaut.

Das Kepler-Weltraumteleskop verfügt über einen 1,4 m breiten Hauptspiegel, der aus Corning's Ultra Low Expansion (ULE) Glas besteht, einem Silikaten-Titanoxid-Glas mit einzigartigen Eigenschaften, das in der Raumfahrt breite Anwendung findet. Ferner hat es einen 0,95 m breiten Fotometer oder Lichtmeter zur Helligkeitsmessung von Himmelskörpern mit einem außergewöhnlich großen Sichtfeld von 105 Quadratgrad und einen Detektor mit 95 Megapixeln (42 CCDs mit 2200 × 1024 Pixeln). Es benutzt eine Breitbandfotometrie, bei der anders als bei der Schmalbandfotometrie nicht nur einzelne Spektrallinien gemessen werden, sondern das ganze Spektrum aufgezeichnet wird.

Um einen erdähnlichen Planeten zweifelsfrei nachzuweisen, müssen mindestens drei Transits mit derselben Periode, Fülle und Dauer aufgezeichnet werden. Im Fall der Erde würde dies mindestens drei Jahre dauern. Außerdem ist Kepler in der Lage Planeten von der Größe des Planeten Merkur zu entdecken, sofern diese um einen Zwergstern vom Typ M oder K kreisen.

Neben ihren wissenschaftlichen Hauptzielen unterstützt die Kepler-Mission auch die zukünftigen Missionen wie zum Beispiel den Terrestrial Planet Finder (TPF), indem sie die typische stellare Charakteristik von Wirtssternen identifiziert, bei denen sich die Suche nach extrasolaren Planeten lohnt und sie auch Erkenntnisse über die Beschaffenheit „typischer" Planetensysteme beiträgt. So werden die Keplerdaten auch Auskunft geben über die Metallizität von Sternen mit Planetensystem und deren Spektraltyp.

Ferner können von Kepler aufgespürte Exoplaneten bei den nachfolgenden Missionen detaillierter untersucht werden und der TPF wird zudem in der Lage sein, die Atmosphäre ferner Welten zu bestimmen. Außerdem erlauben die Keplerdaten Rückschlüsse auf die stellare Aktivität eines Sterns und gerade dies kann bei einem Planeten die Lebensfreundlichkeit beeinflussen.

Zudem trägt die Kepler-Mission zum weiteren Verständnis der Astroseismologie bei und auch zum besseren Verständnis veränderlicher Sterne. Besonderes Augenmerk richten die Forscher natürlich auf Planeten in der lebensfreundlichen Zone um einen Stern, wo die Temperaturen flüssiges Wasser erlauben. Auch das Leben auf der Erde hinterlässt im Infrarotbereich des elektromagnetischen Spektrums seine Abdrücke, da die biologische Aktivität Gase wie Kohlenstoffdioxid und Methan produziert, die sich mit der Atmosphäre vermischen.

Diese Substanzen, aber auch Wasserdampf, hinterlassen ihre eigenen Fingerabdrücke im Infrarotbereich, weshalb diese Signaturen dank eines Spektrometers auch aus großer Entfernung entdeckt werden können – doch leider nicht von der Erdoberfläche aus, da unsere Atmosphäre die mittlere Infrarotstrahlung blockiert.

Das Teleskop ist ausgelegt, um bei einer Temperatur von 40 K (– 233 °C) zu arbeiten, wohingegen der Detektor eine noch niedrigere Temperatur von 8 K (– 265 °C) braucht, um nicht durch die Eigenwärme des Teleskops beeinträchtigt zu werden und auch das schwache Licht weit entfernter Planeten aufzuspüren.

Bisher hat Kepler über 60 neue Exoplaneten aufgespürt und Hinweise auf über Tausend weitere Planetenkandidaten gefunden. Die ersten drei beobachteten Planeten waren allerdings schon bekannt und viele der entdeckten Planeten sind sehr heiße Gasriesen, die ihren Stern sehr schnell, in nur wenigen Tagen, umkreisen. Interessant ist vor allem der Planet Kepler-7b, der mit einer Dichte von nur 0,17 Gramm der Planet mit der geringsten jemals gemessenen Dichte ist. Und dabei ist der Planet eigentlich kein Leichtgewicht, sondern hat etwa 40 % der Masse und den 1,5-fachen Radius des Jupiters.

Auch die Entdeckung der beiden saturnähnlichen Planeten Kepler-9b und 9c um einen sonnenähnlichen Stern im Sternbild Leier, die inzwischen auch vom W. M. Keck Observatory bestätigt wurden, weckte das Interesse der Öffentlichkeit zumal auch unbestätigte Hinweise auf eine Super-Erde von der 1,5-fachen Masse der Erde, welche nur 1,6 Tage für einen Umlauf um den Stern benötigt, gefunden wurden.

Am wichtigsten aber war wohl die Entdeckung von Kepler-22b, mit dem wir uns ausführlich noch in Kap. 8 beschäftigen.

Spitzer-Weltraumteleskop

Das Spitzer-Weltraumteleskop (Abb. 4.3), ehemals bekannt als Space Infrared Telescope Facility (SIRTF), war bis zum Start des Herschel-Teleskops im Jahr 2009 das größte jemals gestartete Infrarotteleskop. Es wurde im August 2003

Abb. 4.3   Künstlerische Darstellung des Spitzer Space Telescope. © NASA/JPL-Caltech

gestartet und hat bis Mai 2009, als das Kühlmittel zur Neige ging, mit seinen scharfen Infrarotaugen den Kosmos untersucht und auch einen wichtigen Beitrag zur Erforschung extrasolarer Planeten geliefert. Seitdem arbeitet Spitzer im „heißen" Modus, d. h., die Instrumente werden nicht mehr auf $-271\,°C$ heruntergekühlt und die Betriebstemperatur liegt nun um die $-242\,°C$. Das Kühlen der Instrumente ist bei einem Infrarotteleskop deshalb so wichtig, damit die Eigenwärme der Geräte nicht die aufgezeichneten Daten verfälscht, weshalb die Betriebstemperatur nahe dem absoluten Nullpunkt liegt.

Es ist das vierte und letzte Teleskop des Great Observatories Program der NASA, welche alle in jeweils ganz speziellen Wellenlängen das Universum untersuchten. Die eigentliche Missionsdauer sollte ursprünglich nur 2,5 Jahre betragen, doch aufgrund des großen Erfolgs konnte die Mission so lange verlängert werden, bis das flüssige Helium aufgebraucht war. Doch zwei Beobachtungskanäle der Infrarotkamera, im kurzwelligen und nahen Infrarotbereich, arbeiten noch, und die Mission wird deshalb als Spitzer Warm Mission weitergeführt.

Das Teleskop ist nach Lyman Spitzer benannt und wurde mit einer Delta-II-Rakete gestartet und auf einen ungewöhnlichen Orbit gesetzt, der das Teleskop 0,1 AU pro Jahr von der Erde entfernt.

Der Hauptspiegel hat einen Durchmesser von 0,85 m und ist für Wellenlängen von 3 bis 180 µm ausgelegt. Das Teleskop und die Kühlkammer wurden von Ball Aerospace aus Boulder Colorado entwickelt, während die drei wissenschaftlichen Instrumente von verschiedenen Einrichtungen entwickelt wurden. Die Struktur stammt von Lockheed Martin.

Das Teleskopsystem ist nach dem Ritchey-Chrétien-Prinzip aufgebaut und mit weniger als 50 kg ein echtes Leichtgewicht. Fast alle Elemente, mit Ausnahme der Spiegelunterstützungsstruktur, bestehen aus leichtgewichtigem Beryllium.

Die äußere Hülle hingegen besteht aus Aluminium. Auf der sonnenabgewandten Seite ist es schwarz angemalt, um soviel Hitzestrahlung wie nur möglich abzustrahlen, während die Sonnenseite glänzend ist, um das Sonnenlicht zu reflektieren, anstatt es zu absorbieren.

Instrumente

Die Infrared Array Camera (IRAC) ist eines von drei Instrumenten des Spitzer-Weltraumteleskops und das einzige Instrument, das nach dem Aufbrauchen des Kühlmittels noch weitestgehend funktioniert. Diese Kamera arbeitet im nahen und mittleren Infrarotbereich, genauer gesagt in Wellenlängen von 3,6 bis 8 µm. Aber anders als eine normale Kamera mit einem einzelnen Detektor ist das IRAC eine Kamera mit vier Detektoren, die jeweils auf ganz bestimmte Wellenlängen abgestimmt sind und 256×256 Pixel besitzen. Die kürzeren Wellenlängendetektoren bestehen aus Indium und Antimon, während die längeren Wellenlängendetektoren mit Arsen behandelt wurden. Das einzige bewegliche Teil dieses Instruments ist der Schließer, der im Flugbetrieb nicht zum Einsatz kommt.

Der Infrared Spectrograph (IRS) hingegen ist ein hoch und niedrig auflösendes Spektroskop für mittlere Infrarotwellenlängen zwischen 5 und 40 µm. Ähnlich wie ein Prisma teilt auch dieser Spektrograf das einfallende Licht in seine Bestandteile auf. Dieses Instrument hat vier verschiedene Module, und die Detektorreihe besitzt 128×128 Pixel.

Das Multiband Imaging Photometer (MIPS) ist eine Kamera für den weiten Infrarotbereich für Wellenlängen von 24, 70 und 160 µm. Außerdem kann dieses Instrument auch als einfaches Spektrometer arbeiten. Die Sensorreihe für die 24 µm hat 128×128 Pixel und besteht vorwiegend aus Silizium, das mit Arsen behandelt wurde, während die anderen beiden Sensorreihen nur 32×32 bzw. 2×20 Pixel haben und aus mit Gallium behandeltem Germanium bestehen.

Spitzers Beitrag zur Erforschung von Exoplaneten

Spitzer sammelte nicht nur wertvolle Daten über protoplanetare Scheiben und entdeckte so, wie sich Silikat-Kristalle um EX Lupi formen, sondern lieferte auch Daten über die Hitzeverteilung des Planeten HD 80606 b, welcher 190 Lichtjahre entfernt in Richtung des Sternbilds Ursa Major liegt. Außerdem entdeckte es einen Mangel an Methan auf der neptungroßen Welt GJ 436 b, obwohl Planetenmodelle eigentlich davon ausgehen, dass wenn die Temperaturen über 1000 K liegen und Wasserstoff, Kohlenstoff und Sauerstoff vorhanden sind, auch dieses Gas auf natürliche Weise vorkommt. Weshalb Spitzer mehr als einmal dabei half, unser Verständnis über Exoplaneten zu verfeinern. Auch die Entdeckung von Wasserdampf auf HD 189733 b war ein wissenschaftlicher Durchbruch, den wir den Infrarotaugen des Spitzers verdanken – ebenso wie die erste Karte der Oberflächentemperatur eines Exoplaneten. Aufgenommen wurden diese Infrarotdaten vom Hot Jupiter HD 189733 b, der in nur 2,2 Tagen um seinen Stern gebunden rotiert und 63 Lichtjahre entfernt ist. Während die helle Seite auf 930 °C kommt, herrschen auf der dunklen Seite immer noch 650 °C.

Am interessantesten könnte aber die Entdeckung sein, dass kühlere Sterne einen anderen Mix lebensformender Chemikalien haben. Forscher untersuchten mit Spitzer nämlich planetenformende Materialen, um unterschiedliche Sterntypen auf präbiotische Chemikalien, genauer gesagt auf Hydrogenzyanid, eine Komponente von Adenine, welches wiederum ein Basiselement der DNA ist. Dabei wurden die Forscher nur bei etwa 30 % der sonnenähnlichen Sterne fündig, nicht aber um kühlere Zwergsterne, sodass mögliches Leben auf einem Planeten um so einen Stern andere DNA-Bausteine benötigen würde als irdisches Leben.

Hubble-Weltraumteleskop

Das Hubble-Weltraumteleskop (Abb. 4.4) wurde im April 1990 mit dem Space Shuttle Discovery ins All gebracht und vergrößerte nicht nur unser Verständnis vom Aufbau des Universums, sondern untersuchte auch zahlreiche junge Sterne mit protoplanetaren Scheiben, dem Geburtsort von Planeten. Insbesondere die Advanced Camera for Surveys ist für die Suche nach extrasolaren Planeten geeignet.

Dabei sah es nach der Inbetriebnahme des Weltraumteleskops erst alles andere als gut aus. Zwar konnte Hubble Bilder aufnehmen, aber bei Weitem nicht in der erwarteten Qualität. Der Spiegel, der über ein Jahr poliert wurde, hatte eine winzige sphärische Abweichung in der Größenordnung von 1/50

Abb. 4.4   Hubble-Weltraumteleskop. © NASA

eines Papierblattes, doch dies reichte aus, um die Bilder zu verzerren. Deswegen mussten Astronauten im Dezember 1993 bei einer Reparaturmission im All eine Bildkorrektur installieren. Genauer gesagt das Corrective Optics Space Telescope Axial Replacement (COSTAR) System, bestehend aus einer Serie kleinerer Spiegel, um den Fehler des Hauptspiegels auszugleichen. Aus Platzgründen wurde dabei ein wissenschaftliches Instrument, das High Speed Photometer, entfernt und bei dieser Gelegenheit auch andere Instrumente, wie zum Beispiel die Wide Field and Planetary Camera, durch neuere Versionen ersetzt.

Insgesamt gab es noch drei weitere Service- und Reparaturmissionen im All und die letzte Mission fand im Mai 2009 statt. Weitere Missionen sind nun nicht mehr geplant, doch wurde so Hubbles Lebenserwartung bis zum Jahr 2013 verlängert. Doch leider wird es nicht mehr – wie ursprünglich geplant – durch ein Space Shuttle eingefangen und zurück zur Erde gebracht werden, um es in einem Museum auszustellen, da mit dem Ende des Space-Shuttle-Programms diese Möglichkeit gestorben ist.

Benannt ist das Teleskop nach Edwin Hubble (1889–1953). Dieser entdeckte, dass sich die meisten Galaxien im Universum von der Milchstraße entfernen, was durch die Urknalltheorie erklärt werden kann, und schloss daraus, dass das Universum expandiert. Er entdeckte dies anhand der Rotverschiebung des Spektrums. Interessant zu wissen ist vielleicht noch, dass Astronomen erst dank Edwin Hubbles Engagement mit dem Physiknobelpreis ausgezeichnet werden können, denn bis zum Jahr 1953 sah die Schwedische Akademie der Wissenschaften die Sache ganz anders, weshalb auch erst so wenige Astronomen einen gewonnen haben. Leider verstarb Hubble plötzlich an einem Gehirnschlag, kurz bevor Astronomen 1953 für den Physik-Nobelpreis zugelassen wurden.

Alle 97 min. umrundet das Hubble einmal die Erde und hat dabei eine Geschwindigkeit von 8 km pro Sekunde. Im Aufbau ist Hubble ein Ritchey-Chrétien-Cassegrain-Teleskop. Zunächst trifft das Licht auf den Hauptspiegel und wird von dort auf einen kleineren sekundären Spiegel fokussiert. Dieser wiederum fokussiert das Licht ein weiteres Mal und leitet das gebündelte Licht durch ein Loch im Hauptspiegel zur sogenannten Fokalebene (Brennebene) und somit an die wissenschaftlichen Instrumente. Der Hauptspiegel hat einen Durchmesser von 2,4 m.

Instrumente

Die Wide Field Camera 3 (WFC3) sieht drei unterschiedliche Arten von Licht. Einmal im nahen UV-Bereich, im sichtbaren Bereich des elektromagnetischen Spektrums und im nahen Infrarotbereich, obwohl dies leider nicht simultan passiert. Die Auflösung und das Blickfeld dieses Instruments sind dabei viel größer als bei den anderen Instrumenten, was aber nicht weiter überrascht, handelt es sich bei WFC3 doch um eines der beiden neuesten Instrumente von Hubble. Neben dem Studium der Dunklen Materie und Dunklen Energie kann man mit diesem Instrument auch die Bildung und Entwicklung von Sternen beobachten.

Der Cosmic Origins Spectrograph (COS) ist das andere neue Instrument des Hubble. Es handelt sich hierbei um einen Spektrografen, der speziell für das UV-Licht ausgelegt ist und Hubbles Sensibilität in diesem Bereich um den Faktor 10 erhöht, bei extrem dunklen Objekten sogar um den Faktor 70. Dabei arbeitet auch dieser Spektrograf als eine Art Prisma, der das Licht des Kosmos in seine Komponenten zerlegt. Dies liefert einen Wellenlängen-Fingerabdruck der beobachteten Objekte und verrät uns etwas über deren Temperatur, chemische Zusammensetzung, Dichte und Bewegung.

Die Advanced Camera for Surveys (ACS) arbeitet vorwiegend im sichtbaren Licht, kann aber auch im UV-Bereich eingesetzt werden. Leider wurde dieses Gerät im Jahr 2007 durch einen Kurzschluss lahmgelegt und erst durch die letzte Servicemission des Hubble im Mai 2009 wieder repariert. Die ACS besteht eigentlich aus drei verschiedenen Kameras. Zum einen aus der Wide Field Camera, der High-Resolution Camera (welche gut für die Suche nach Exoplaneten geeignet war, seit dem Kurzschluss leider nicht mehr funktioniert, deren Funktion aber teilweise von der WFC3 übernommen wurde) und der Solar Blind Camera. Das Kamerasystem hilft zum Beispiel dabei, die Verteilung der Dunklen Materie zu kartografieren, und detektiert auch die weit entferntesten Objekte des Universums. Und besonders interessant für die Suche nach Exoplaneten ist, dass es mit der Solar Blind Camera möglich ist, nach massereichen Planeten zu suchen, da die Kamera das sichtbare Licht blockiert, um die Sensitivität im UV-Bereich zu erhöhen. Damit können Planeten aufgespürt werden, die im ultravioletten Bereich leuchten.

Der Space Telescope Imaging Spectrograph (STIS) ist ein Spektrograf für den UV-, sichtbaren und nahen Infrarotbereich und wurde speziell entwickelt, um hiermit nach Schwarzen Löchern zu suchen. Während COS für kleinere Objekte wie Sterne oder Quasare optimiert ist, eignet sich STIS besser für größere Objekte wie Galaxien. Auch dieses Gerät hatte zeitweise technische Probleme und musste während der vierten und letzten Servicemission repariert werden.

Die Near Infrared Camera and Multi-Object Spectrometer (NICMOS) ist so etwas wie Hubbles Hitzesensor. Sie ist für das Infrarotlicht optimiert und kann deshalb auch durch interstellare Staubwolken schauen, um die Geburt eines Sterns oder die Bildung von Planeten zu beobachten.

Mit dem Fine Guidance Sensor (FGS) richtet sich das Hubble aus, indem sich dieses Instrument auf sogenannte „guide stars" fixiert. Ferner kann man hiermit die Entfernung zu Sternen und ihre relative Bewegung messen.

Energieversorgung

Als Energiequelle dient dem Hubble, wie auch jedem anderen Weltraumteleskop, das Sonnenlicht. Hubbles Solarpaneele wandeln das Sonnenlicht in elektrische Energie um, und ein Teil dieser Energie wird in Batterien gespeichert, sodass Hubble auch weiter betrieben werden kann, wenn sich das Teleskop im Erdschatten befindet.

Hubbles Beitrag zur Erforschung von Exoplaneten

Auch wenn Hubble ursprünglich nicht für die Suche nach Planeten außerhalb unseres Sonnensystems entwickelt wurde, hat dieses Weltraumteleskop doch einen wertvollen Beitrag geleistet. So hat das Hubble-Weltraumteleskop Kohlendioxid und das organische Molekül Methan auf dem Planeten HD 189733 b nachgewiesen, kombinierte Beobachtungen mit dem Spitzer-Weltraumteleskop enthüllten zudem auch Wasserdampf.

Aber am beeindruckendsten war sicherlich die Entdeckung von Sauerstoff und Kohlenstoff in der Atmosphäre des verdampfenden Planeten HD 209458 b, welcher auch als Osiris bekannt ist. Dieses System ist 150 Lichtjahre von uns entfernt, und Stern und Planet liegen nur 4,3 Mio. km auseinander, weshalb der Exoplanet nur vier Tage für einen Umlauf benötigt.

Eine Überraschung hingegen war die Entdeckung eines Planeten um den jungen Stern HR 8799, welcher 130 Lichtjahre entfernt liegt. Denn dieser Exoplanet wurde im Archiv der Hubble-Daten gefunden. Bereits 1998 hatte Hubble dieses System mit der Near Infrared Camera and Multi-Object Spectrometer (NICMOS) abgelichtet, aber erst im Jahr 2009 wurde durch eine neue Bildbearbeitungstechnik der Planet gefunden. Da hatten das Keck- und das Gemini-North-Teleskop allerdings in den Jahren 2007 und 2008 schon diesen Planeten und seine beiden Begleiter offiziell entdeckt.

Besonders ergiebig war das Sagittarius Window Eclipsing Extrasolar Planet Search (SWEEPS) des Hubble-Weltraumteleskops, bei dem 180 000 Sterne aus der Nähe des Zentrums der Galaxis mittels der Transitmethode beobachtet wurden, welches 26 000 Lichtjahre entfernt liegt. Dabei wurden 16 Planetenkandidaten entdeckt. Fünf der neu entdeckten Welten repräsentieren dabei sogar einen neuen Typ von Exoplaneten, die Ultra-Short-Period Planets (USPPs) genannt werden, da diese weniger als einen Tag für einen Umlauf um ihre Sonne benötigen.

Interessant waren zudem die Entdeckung des sogenannten Methusalem Planeten und das Ablichten des Planeten Fomalhaut b, womit wir uns später noch näher beschäftigen werden.

W. M. Keck Observatory

Das Keck-Observatorium besteht aus zwei 10-Meter-Teleskopen, die mit jeweils 270 t alles andere als Leichtgewichte sind. Es gehört zu den größten Teleskopen im optischen und nahen Infrarotbereich und liegt auf dem Gipfel des 4145 m hohen Mauna Kea in Hawaii (Abb. 4.5), direkt neben dem im japanischen Auftrag errichteten und betriebenen Subaru Teleskop. Das Keck-I-Teleskop wurde 1993 in Betrieb genommen und 1996 folgte das Keck-II-Teleskop, geleitet wurde der Aufbau durch die University of California und das California Institute of Technology. Im Jahr 1996 wurde auch die NASA Partner bei diesem Projekt.

Jeder Teleskopspiegel besteht aus 36 hexagonalen Elementen, die wie ein einzelnes Stück von reflektiertem Glas arbeiten. Jedes Segment besitzt eine Serie von Aktuatoren, die sanft gegen das Glas drücken oder ziehen und über einen Computer gesteuert werden, wodurch die Spiegelsegmente in einer perfekten parabolischen Form ausgerichtet werden, um so viele Photonen wie möglich einzufangen, wie mir Ashley Yeager erklärte. Die Spiegelsegmente

Abb. 4.5   Das W. M. Keck Observatory auf dem Mauna Kea. © Keck Observatory

bestehen aus Zerodur, wie er auch bei der COROT-Mission zum Einsatz kam, und einer dünnen Schicht von 100 Nanometern Aluminium.

Ferner sind die beiden Teleskope mit einer adaptiven Optik ausgestattet, wodurch die störenden Eigenschaften der Erdatmosphäre ausgeglichen werden. Dabei wird zunächst die Verkrümmung des einfallenden Lichts durch einen Sensor gemessen und diese Daten werden an den verformbaren Spiegel weitergeleitet, der 2000 Mal pro Sekunde die Form wechseln kann. Das Keck-II-Teleskop war dabei 1999 weltweit das erste große Teleskop, das mit diesem System ausgerüstet wurde und die Bildqualität wurde so um den Faktor 10 verbessert.

Doch hat die herkömmliche adaptive Optik auch ihre Grenzen, da dies nur bei wenigen hellen Sternen, die auch noch nah bei der Erde liegen müssen, gut funktioniert. Deswegen entwickelte man die *laser guide star adaptive optics*, bei der ein spezieller Laser Natriumatome anregt, welche sich in der oberen Atmosphärenschicht, 90 km über der Erde, befinden, wodurch ein künstlicher Stern geschaffen wird und die atmosphärische Distorsion gemessen werden kann. Erst so lassen sich scharfe Bilder von fast allen himmlischen Objekten aufnehmen.

Beide Teleskope können auch als optisches Interferometer zusammengeschaltet werden und so ein 85-Meter-Teleskop simulieren. Bei Bedarf kann auch durch den Nulling-Modus das alles überstrahlende Licht eines Sterns ausgeblendet werden.

Da die Temperaturen am Tag auf Hawaii sehr hoch steigen können und dies zu winzigen Deformationen am Teleskop oder den Spiegeln führen könnte, sind riesige Klimaanlagen im Einsatz, um die Instrumente auf eisige Temperaturen abzukühlen.

Zahlreiche Exoplaneten wurden durch das Keck-Observatoriums in Zusammenarbeit mit anderen Observatorien bereits entdeckt bzw. bestätigt und allein im Dezember 2011 verkündete man die Entdeckung von 18 jupiterähnlichen Exoplaneten um Sterne vom Spektraltyp A, welche etwas massereicher als unsere Sonne sind.[2]

Am interessantesten war aber wohl die Zusammenarbeit mit dem Kepler-Weltraumteleskop die zu der Entdeckung der erdähnlichen Planeten Kepler-20e und Kepler-20f um einen sonnenähnlichen Stern führten, welcher etwa 1000 Lichtjahre, im Sternbild Leier, von uns entfernt ist. Auch wenn diese zu nah am Stern liegen um in der lebensfreundlichen Zone zu sein und die Oberflächentemperaturen mehrere Hundert Grad Celsius betragen.[3]

ESO

Die europäische Südsternwarte ESO (European Southern Observatory) liefert moderne Forschungseinrichtungen für Astronomen und das Hauptquartier liegt in Garching bei München, während die Observatorien in Südamerika beheimatet sind.

Das La-Silla-Observatorium (Abb. 4.6) ist die älteste Einrichtung der ESO in Südamerika und befindet sich auf dem 2400 m hohen Berg La Silla 600 km nördlich von Santiago de Chile. Von hier aus betreibt die ESO mehrere mittelgroße optische Teleskope mit einem Spiegeldurchmesser bis 3,6 m, inklusive dem erfolgreichsten Niedrigmasse-Planetenjäger HARPS (*High Accuracy Radial velocity Planet Searcher*), einem Spektrografen mit einzigartiger Präzision, an dessen Entwicklung auch Michel Mayor, einer der beiden Entdecker von 51 Pegasi b, beteiligt war. Der Spektrograf wurde 2003 fertiggestellt und am 3,6 m Teleskop am La Silla Observatorium installiert, das die Forscher weiter planen zu optimieren, z. B. durch ein eine verbesserte Software, und dessen Möglichkeiten noch lange nicht ausgeschöpft sind.

Mit dem HARPS-Instrument wurde eine ganze Reihe von Planeten entdeckt, darunter auch mehrere Super-Erden und mit Gliese 581 d auch die erste Super-Erde in der lebensfreundlichen Zone um einen Stern. Mit einer Genauigkeit von unter 1 m/s kann hiermit sehr exakt die Radialgeschwindigkeit

---

[2] http://keckobservatory.org/news/keck_telescopes_confirm_18_new_exoplanets (19.03.2013).
[3] http://keckobservatory.org/news/kepler_keck_telescopes_discover_earth-size_exoplanets (19.03.2013).

Abb. 4.6   La Silla Observatory der ESO. © ESO

eines Sterns gemessen werden, und auch bei diesem Instrument kommt ein Th-Ar-Referenzspektrum zum Einsatz.

Gero Rupprecht von der ESO erklärte mir, *„dass die Th-Ar-Lampe ein linienreiches Spektrum produziert, deren Wellenlängen sehr genau vermessen sind, da diese Lampen speziell für Referenzzwecke benutzt werden. Dass auf dem gleichen optischen Weg durch den Spektrografen geschickt und gleichzeitig mit dem Sternspektrum auf dem Detektor abgebildet wird. Sollte jetzt in diesem Referenzspektrum irgendeine Verschiebung auftreten, die man wegen der sehr genau bekannten Wellenlängen sehen würde, könnte man das Sternspektrum entsprechend korrigieren („drift correction"). Da normale Veränderungen im Spektrum durch die Temperaturstabilisierung und den Einschluss unter Vakuum bereits minimal sind, erreicht man optimale Stabilität und Genauigkeit. Unterstützt wird das Ganze durch eine extrem ausgefeilte Datenreduktionspipeline, die vollautomatisch Tausende Spektrallinien mit einem „Template"-Spektrum des verwendeten Spektraltyps korreliert und außerdem alle sonstigen Einflüsse (Erddrehung, Mondbewegung, Schwerkraft der wichtigsten Planeten) korrigiert. So bekommt man innerhalb von Minuten nach der Aufnahme des Spektrums die Radialgeschwindigkeit mit einer Genauigkeit von < 1m/s."*

Für hochauflösende Spektrografen wie HARPS verwendet man bevorzugt ein spezielles Beugungsgitter. Genauer gesagt ein „Echelle-Gitter", dem man

Abb. 4.7 Der Nachthimmel über dem Very Large Telescope (VLT) der ESO. © ESO/Y. Beletsky

ein weiteres Gitter oder bei HARPS ein Grism (bestehend aus einem Prisma und einem optischen Gitter) zur Querdispersion nachschaltet. Der Effekt ist zum einen, dass man beim Echelle-Gitter relativ wenige, aber speziell geformte Furchen hat und man so eine hohe Effizienz in hohen Beugungsordnungen bekommt. Und zum anderen verschiebt das Gitter oder Prisma zur Querdispersion die Ordnungen, sodass sie parallel verlaufen und den zweidimensionalen Detektor mehr oder weniger komplett ausfüllen, was nochmals die Effizienz vergrößert.

Aber nicht nur die Wissenschaftler, die das HARPS-Instrument entwickelten, leisteten einen wichtigen Beitrag. Auch das Engineering Department von La Silla stand vor der Aufgabe, das Teleskopsystem mit dem Instrument möglichst störungsfrei über zwei Fiberglasleitungen miteinander zu verbinden und man entwickelte deshalb den HARPS Cassegrain Fibre Adapter (HCFA).

Als Detektorsystem verwendet HARPS ein Mosaik aus zwei speziellen CCDs vom Typ EEV 44-82, welche die Spitznamen Jasmin und Linda tragen und eine Auflösung von 4096×4096 Pixeln haben. Außerdem befindet sich das Instrument in einer Vakuumkammer, deren Temperatur kontrolliert wird, um auch winzige Luft- oder Temperaturvariationen auszuschließen.

Das Very Large Telescope (VLT) ist das Flaggschiff der europäischen Astronomie und eines der höchstentwickelten Observatorien im sichtbaren Licht (Abb. 4.7). Es besteht aus vier Teleskopen und liegt auf der Spitze des

2 635 m hohen Berges Paranal, wo sich auch das VLT Interferometer befindet, bestehend aus den beiden Teleskopen VST und VISTA. Die Anlage liegt 130 km südlich von Antofagasta und nur 12 km vom Pazifischen Ozean entfernt, dennoch handelt es sich um eine der trockensten Regionen auf der Welt. Angefangen wurde 1999. Ferner ist für das VLT das Instrument SPHE-RE in der Entwicklung, das Exoplaneten mittels XAO (eXtreme Adaptive Optics) direkt abbilden soll.

Einer der größten Vorteile dieser Anlage ist das *Giant Optical Interferometer* (VLT Interferometer oder VLTI). Dabei wird das Licht eines entfernten Objektes auf die verschiedenen Teleskope aufgeteilt und die Anlage wirkt so wie ein riesiges Teleskop. Im Fall vom VLTI wie ein 200-Meter-Teleskop.

Die dritte Einrichtung der ESO befindet sich auf dem 5000 m hohen Llano de Chajnantor, nahe San Pedro de Atacama. Hier betreibt die ESO das Submillimeter- Teleskop APEX, während sich das Atacama Large Millimeter/submillimeter Array (ALMA) noch im Aufbau befindet, das mit seinen mindestens 66 Radioteleskopen eines der größten bodenbasierten Teleskopprojekte der Welt ist. ALMA entsteht in Kooperation mit Chile, Nordamerika und verschiedenen Ländern Asiens.

Ferner plant die ESO gegenwärtig den Aufbau eines 42-Meter-Teleskops, das sowohl im optischen als auch im Infrarotbereich des elektromagnetischen Spektrums arbeiten kann. Es trägt die Bezeichnung European Extremely Large Telescope (E-ELT) und soll „the world's biggest eye on the sky" werden. Auch bei diesem Projekt ist die Suche nach Exoplaneten eines der wichtigsten wissenschaftlichen Motive.

Außerdem soll in nicht allzu ferner Zukunft, wahrscheinlich Ende 2016 oder Anfang 2017, ein „Super-HARPS" namens ESPRESSO in Betrieb gehen. Es soll als Vorläufer des für das E-ELT vorgesehenen CODEX-Instruments dienen, mit dem die Änderung der kosmischen Expansion direkt gemessen werden kann, d. h. ohne jegliche Modellannahmen über die Kosmologie.

ESPRESSO steht für *Echelle SPectrograph for Rocky Exoplanet and Stable Spectroscopic Observation* und ist eine Weiterentwicklung des HARPS-Konzeptes, das ebenfalls in einer temperaturgeregelten Vakuumkammer aufgestellt werden soll, wo der Druck unter 0,001 mbar und die Temperatur unter 0,001 K liegen sollen. Dieses Instrument wird in der Lage sein, die Radialgeschwindigkeit so genau zu messen (etwa 10 cm/s), dass man hiermit nach erdähnlichen Planeten suchen kann. Es kann wahlweise an eines oder an alle vier Teleskope des VLT angeschlossen werden. Außerdem wird es für die Auswertung der wissenschaftlichen Daten nicht einmal eine Minute brauchen, bevor die Ergebnisse verfügbar sind. Ferner wird man auch kosmische Konstanten auf Variationen hin überprüfen können und selbst die chemische Zusammensetzung von Sternen in benachbarten Galaxien bestimmen können.

5

Das erste Bild einer fremden Welt

Die Erde als die einzige bevölkerte Welt im unendlichen All anzusehen,
ist ebenso absurd wie die Behauptung, auf einem ganzen, mit Hirse ge-
säten Feld würde nur ein einziges Korn wachsen. Metrodorus von Chios
(4. Jahrhundert vor Christus)

Zu den bereits erwähnten Schwierigkeiten bei der Entdeckung von extrasolaren Planeten kommt noch hinzu, dass die Auflösung oft noch nicht gut genug
ist, um einen Planet um einen Stern abzulichten. Bei einem Planeten in der
habitablen Zone reden wir von einer Auflösung in der Größenordnung von
0,1 Bogensekunden und auch Jupiter – der zudem nur 70 % des einfallenden
Sonnenlichts reflektiert – würde ab einer Entfernung von etwa 5 pc (1 Parsec =
3,26 Lichtjahre) die gleiche Winkelteilung gegenüber der Sonne aufweisen.[1]
Dennoch gelang es den Forschern einige Bilder von fremden Welten aufzuneh-
men, doch handelt es sich hierbei um Planeten, die sehr weit vom Stern entfernt
kreisen und nicht weit von unserem Sonnensystem entfernt sind.

Außerdem klappt dies häufig nur bei jungen Planeten, die aufgrund ihrer
Entstehung noch glühen und nicht bei älteren und kälteren Planeten. Ferner
war man bei Planeten um leuchtschwache Braune Zwerge erfolgreicher als
bei leuchtenden Sternen. Dennoch könnte es mit einer neuartigen Kame-
ratechnik namens SPHERE (Spectro-Polarimetric High-contrast Exoplanet
Research) häufiger gelingen.

Infrarotbilder

Der Stern HR 8799 war im November 2008 in aller Munde, da dies einer
von nur wenigen Sternen ist, um den herum extrasolare Planeten direkt abgelichtet worden sind bzw. deren Auswirkungen sichtbar wurden. Dem W. M.
Keck Observatory und dem Gemini Observatory gelang es mit der „angular

---

[1] Irwin (2008, S. 1–2).

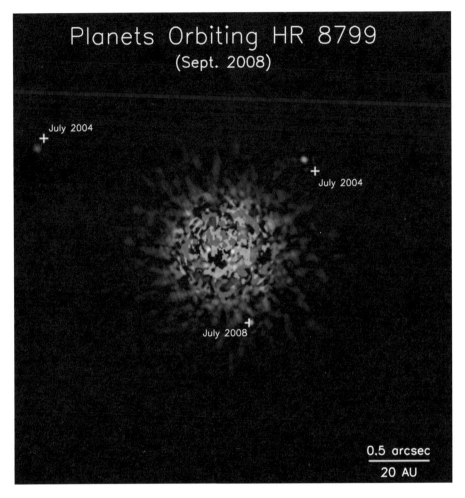

Abb. 5.1   Die drei Planeten um HR 8799. © Gemini Observatory

difference imaging" genannten Methode drei Planeten in diesem noch jungen Sonnensystem im Infrarotbereich nachzuweisen (Abb. 5.1). Dabei wurden mehrere Aufnahmen in den Jahren 2004, 2007 und 2008 gemacht um auch dunkle Objekte sichtbar zu machen. Alle drei sind wesentlich massereicher als Jupiter und liegen wahrscheinlich zwischen 5–13 Jupitermassen. Die Planeten sind 24, 38 und 68 AU von dem Stern entfernt. [2]

HR 8799 ist über 125 Lichtjahre von uns entfernt und die meisten Wissenschaftler waren deswegen skeptisch, ob auch das Spitzer-Weltraumteleskop in der Lage wäre, dieses System näher zu untersuchen. Doch Spitzer war erfolgreich und bestätigte nicht nur die drei Planeten, sondern lieferte auch noch Details über die vorhandene protoplanetare Scheibe. So scheinen die noch

---

[2] Haswell (2010, S. 25–26).

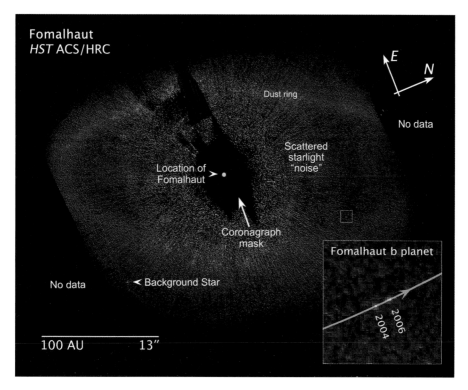

Abb. 5.2 Aufnahme des Hubble-Weltraumteleskops von Fomalhaut b. © NASA, ESA, P. Kalas, J. Graham, E. Chiang, and E. Kite (University of California, Berkeley), M. Clampin (NASA Goddard Space Flight Center, Greenbelt, Md.), M. Fitzgerald (Lawrence Livermore National Laboratory, Livermore, Calif.), and K. Stapelfeldt and J. Krist (NASA Jet Propulsion Laboratory, Pasadena, Calif)

jungen Planeten kleinere kometenähnliche Objekte zu stören, wodurch diese miteinander vermehrt kollidieren und ein riesiges Halo aus Staub entsteht.

Optische Bilder

Ein Sonnensystem, dessen Exoplaneten im optischen Bereich des elektromagnetischen Spektrums eingefangen werden konnten, ist das 25 Lichtjahre entfernte Fomalhaut-System. Hier waren es Aufnahmen des Hubble-Weltraumteleskops aus den Jahren 2004 und 2006 die zu einem Bild zusammengefügt wurden (Abb. 5.2).

Sowohl HR 8799 als auch Fomalhaut sind deutlich jünger und auch massereicher als unsere Sonne.

Das von der südlichen Erdhalbkugel sichtbare Fomalhaut-System liegt im Sternbild Piscis Australis („südlicher Fisch") und seitdem NASA's Infrared

Abb. 5.3 Künstlerische Darstellung von Fomalhaut b. © ESA, NASA, and L. Calcada

Astronomy Satellite (IRAS) in den frühen 1980er Jahren hier einen Überschuss an Staub entdeckte, vermuteten die Astronomen in diesem System auch Planeten (Abb. 5.3).

Und dies wurde durch Beobachtungen des Hubble-Weltraumteleskops 2004 noch verstärkt, als mit dem Coronagraphen von Hubbles Advanced Camera for Surveys eine protoplanetare Scheibe in diesem System entdeckt wurde.

Die Observationen dauerten quälende 21 Monate, doch enthüllten sie, dass sich das Objekt um den Stern bewegt und demnach gravitativ an den Stern gebunden ist. Der Planet liegt 17 Mrd km vom Stern entfernt, was in etwa der zehnfachen Entfernung des Planeten Saturns zur Sonne entspricht.

Überraschenderweise ist der Planet wesentlich heller als erwartet und dies könnte an einem eisigen Ring liegen, wie ihn auch der Saturn besitzt, welcher das einfallende Licht reflektiert.

Doch dies war nicht das erste Mal, dass Forscher auf einem Bild des Hubble über einen Exoplaneten diskutierten. Bereits 1998 lichtete Hubble das TMR-1C-System ab, bei dem ein möglicher Planet gerade aus diesem Sonnensystem geschleudert wurde.

Im Februar 2013 vermeldeten Forscher der ESO das sie im 335 Lichtjahre entfernten HD 100546 System einen Planeten bei dessen Entstehung beobachtet haben. Dieser jupiterähnliche Protoplanet, der sich im äußeren Bereich des

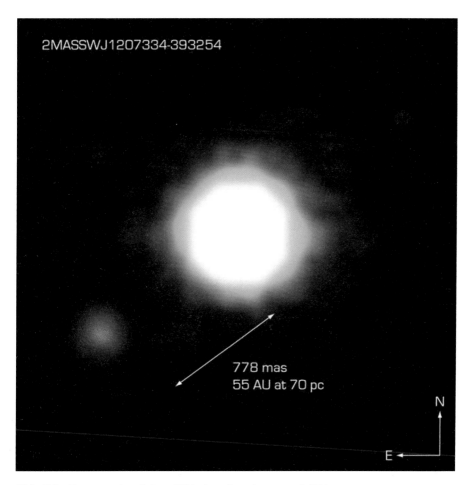

Abb. 5.4 Das erste bestätigte Bild eines Exoplaneten. © ESO

Systems bildet, wurde mit dem NACO-Instrument des Very Large Telescope (VLT) aufgenommen. Eine Bestätigung dieser Entdeckung steht aber noch aus, da die Entstehung eines Gasriesen, indem Bereich wo in unserem Sonnensystem nur Zwergplaneten wie Eris oder Makemake kreisen, nur schwer mit den gegenwärtigen Theorien zur Planetenentstehung in Einklang zu bringen ist.

Das erste Bild eines entfernten Planeten

Das erste Licht eines Exoplaneten (Abb. 5.4) hingegen wurde im April 2004 von einem Team der ESO mit dem VLT am Paranal Observatory in Chile abgelichtet, allerdings kreiste hier der Planet 2M1207 b nicht um einen

Stern, sondern um einen Braunen Zwerg. Im August 2004 richtete dann auch das Hubble-Weltraumteleskop seine Near Infrared Camera and Multi-Object Spectrometer (NICMOS) auf dieses System und bestätigte die gravitationelle Bindung zwischen Braunem Zwerg und Planet.

Der Planet besitzt die drei- bis zehnfache Masse des Planeten Jupiter, ist ähnlich weit vom Braunen Zwerg entfernt wie in unserem Sonnensystem der Zwergplanet Pluto von der Sonne und benötigt für einen Umlauf 2500 Jahre. Das System ist 225 Lichtjahre von uns in Richtung des Sternbildes Hydra entfernt.

Dennoch ist 2M1207 b ein sehr heißer Gasgigant mit einer Oberflächentemperatur von etwa 1600 K, was an gravitationsbedingten Kontraktionen liegen dürfte. Interessant ist auch, dass im Infrarotspektrum des Planeten Wassermoleküle in der Atmosphäre nachgewiesen wurden. Obwohl dieser Planet für Leben nicht in Frage kommt, zeigt dies doch, dass Wasser im Universum weiter verbreitet ist, als lange Zeit gedacht.

Dennoch sind die bisher gesammelten Daten über diesen Planeten mit Vorsicht zu genießen, da 2M1207 b nach theoretischen Modellen eigentlich wesentlich leuchtkräftiger sein müsste. Deswegen wird auch die Möglichkeit diskutiert, dass dieser Planet von einer umgebenden Gas- und Staubscheibe abgedunkelt wird. Andere Wissenschaftler hingegen argumentieren, dass 2M1207 b gar kein „richtiger" Planet sei, und es sich hier vielmehr um einen speziellen *Sub-Brown Dwarf* handelt. Aber da 2M1207 b klar unter der Grenze von 13 Jupitermassen liegt, die benötigt werden, um die Deuteriumfusion in Gang zu setzen – was einen Braunen Zwerg charakterisiert – ist es schwierig, eine endgültige Bewertung zu treffen. Aber zumindest die Internationale Astronomische Union, die letztendlich die Entscheidungshoheit besitzt, ist geneigt 2M1207 b als Planeten zu klassifizieren.

Planet oder Brauner Zwerg?

Auch um den etwa 450 Lichtjahre entfernten Stern GQ Lupi (Abb. 5.5) konnte mit dem NACO-Instrument des europäischen Very Large Telescope in Chile im Jahr 2004 ein möglicher Begleiter abgelichtet werden. Doch konnte bis heute nicht geklärt werden, ob es sich beim Begleiter um einen Braunen Zwerg oder einen Planeten handelt, da die geschätzte Masse zwischen drei und 42 Jupitermassen liegt. Zumal es sich noch um ein sehr junges Sonnensystem von nur wenigen Millionen Jahren handelt und dementsprechend selbst der Begleiter von der Entstehungsphase noch glüht. Der Abstand zwischen Stern und Begleiter beträgt dabei mehr als 100 AU.

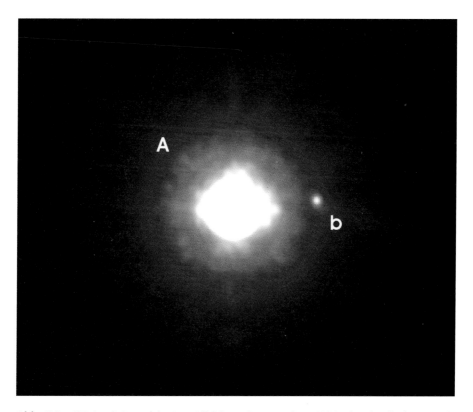

Abb. 5.5 GQ Lupi A und b. Das Bild besteht aus über 5000 Einzelaufnahmen mit extrem kurzer Belichtungszeit, damit der Stern den Planeten nicht völlig überstrahlt. © ESO

Ganz ähnlich verhält es sich auch mit dem 150 Lichtjahre entfernten Stern AB Pictoris (Abb. 5.6). Ein französisches Team entdeckte mit dem NACO-Instrument der ESO im März 2003 hier einen Begleiter, von dem wir nicht sagen können, ob es sich um einen Planeten oder einen Braunen Zwerg handelt.

Im Dezember 2009 veröffentlichte ein Team von Wissenschaftlern noch einen ganz besonderen Schnappschuss (Abb. 5.7), denn um den 50 Lichtjahre entfernten sonnenähnlichen Stern GJ 758 konnten gleich zwei mögliche Planeten entdeckt werden. Die Aufnahme gelang mit der neuen Spezialkamera HiCIAO (High Contrast Instrument for the Subaru next generation Adaptive Optics) des 8,2 m großen Subaru-Teleskops auf dem Mauna Kea in Hawaii. GJ 758 B hat die zehn- bis vierzigfache Masse des Jupiters und es handelt sich entweder um einen sehr massereichen Planeten oder um einen leichtgewich-

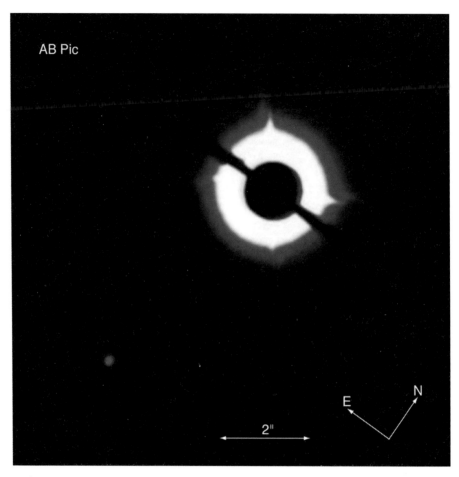

Abb. 5.6 Der Stern AB Pictoris, auch bekannt als HD 44627, mit einem Begleiter. © ESO

tigen Braunen Zwerg. Da die Wissenschaftler zu Letzterem tendieren, gaben sie diesem Begleiter ein großes „B", wie es für stellare Begleiter üblich ist. Auch wenn dieser mit 600 K für einen Braunen Zwerg sehr kalt wäre, wurden schon solche Braunen Zwerge, wie zum Beispiel Wolf 940 B, gefunden.[3]

Seine gemessene Infrarothelligkeit entspricht entweder der eines 700 Mio. Jahre alten Planeten mit zehn Jupitermassen oder der eines 8700 Mio. Jahre alten Braunen Zwergs mit 40 Jupitermassen. Sollte aber der mögliche zweite Kandidat ebenfalls gravitativ an GJ 758 gebunden sein und kein vorbeiziehendes Objekt oder ein Hintergrundstern sein, ist es umso wahrscheinlicher,

---

[3] http://subarutelescope.org/Pressrelease/2009/12/03/index.html (28.06.2010).

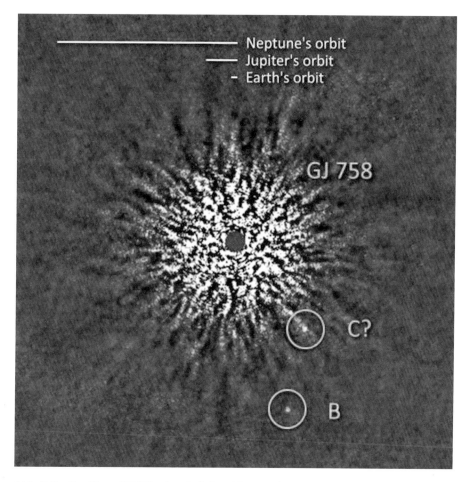

Abb. 5.7 Der Stern GJ 758 mit möglichen Planetenkandidaten, aufgenommen im nahen Infrarotbereich. © Subaru Telescope

dass es sich in beiden Fällen um Planeten handelt, da ein so enges Dreifachsternsystem nicht über längere Zeit stabil wäre.[4]

Literatur

Haswell, C. A.: Transiting exoplanets, S. 25–26. Cambridge University Press, Cambridge (2010)

Irwin, P. G. J.: Detection methods and properties of known exoplanets. In: Exoplanets, S. 1–2. Springer, Heidelberg (2008)

Staude, J.: Kühler Exoplanetenkandidat erstmals direkt abgebildet. In: Zeitschrift SuW, S. 26–27. (02/2010)

---

[4] Staude (02/2010, S. 26–27).

6
Biosignaturen und die Schwierigkeiten bei der Suche nach Exoplaneten

Während die Philosophen noch streiten, ob die Welt überhaupt existiert, geht um uns herum die Natur zugrunde.

Karl Raimund Popper (1902–1994)

Schon mehrfach haben irdische Sonden mit ihren Instrumenten die Erde ins Visier genommen, um nachzuprüfen, ob es auch aus der Entfernung Hinweise auf Leben auf dem Blauen Planeten gibt (Abb. 6.1). Dazu gehörte auch die Galileo-Sonde auf ihrem Weg zum Jupiter. Galileos Infrarotspektrometer entdeckte aber nicht nur die Signaturen von Wasser und Kohlenstoffdioxid, sondern auch Ozon und Methan. Ozon entsteht bei der Fotolyse, der Spaltung von Molekülen unter Licht, von molekularem Sauerstoff und ist spektroskopisch einfacher nachzuweisen als Sauerstoff. Methan andererseits ist ein sehr flüchtiges Gas. Es ist sehr reaktionsfreudig und verbindet sich sehr leicht mit dem atmosphärischen Sauerstoff zu Kohlenstoffdioxid und muss deswegen ständig erneuert werden. Die besten Methanquellen sind dabei Vulkane und Lebewesen, doch leider ist Methan auf größere Entfernungen von mehreren Lichtjahren nur noch sehr schwer aufzuspüren, da es eigentlich nur im nahen Infrarotbereich um 2,2 μm und bei thermalen Wellenlängen von 7 bis 8 μm entdeckt werden kann.[1] Ein weiterer wichtiger Biomarker ist die Signatur von Chlorophyll, dem Grundbaustein der Fotosynthese, das durch die Auswertung der Signatur von reflektiertem Sonnenlicht über den Landmassen entdeckt werden kann. Auch konnte Galileos Radioreceiver sehr starke und schmalbandige Signale auffangen mit einer sehr spezifischen Modulation, bei denen es sich natürlich um irdische Radio- und Fernsehsignale handelte. Das Auffangen solcher Signale wäre ein klarer Hinweis auf eine intelligente Zivilisation, doch was innerhalb unseres Sonnensystems noch mühelos klappt, wird auf größere Entfernungen von mehreren Lichtjahren zu einer Sisyphusarbeit, worüber im letzten Kapitel noch berichtet wird.[2]

---

[1] Meadows (2008, S. 274).
[2] Casoli und Encrenaz (2007, S. 142–143).

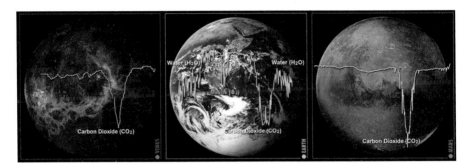

Abb. 6.1   Biosignaturen von terrestrischen Planeten. © ESA 2001. Illustration by Medialab

Ferner sind auch die Wolken eine wichtige Komponente im Spektrum von Exoplaneten, da sie im Optischen sowie im Infrarotbereich durch ihren hohen Reflexionsgrad leicht auffallen. Doch leider verdecken sie die atmosphärische Zusammensetzung unter ihnen und schwächen auch die Spektrallinien.[3] Andererseits sind Wolken aber ein deutlicher Hinweis auf eine dynamische Atmosphäre. Außerdem sind sie wichtig für den Strahlungshaushalt eines Planeten und damit für den Energiehaushalt, und – sofern sie aus Wassertröpfchen und Eiskristallen bestehen – auch für den Niederschlagshaushalt und somit für den gesamten Wasserkreislauf.

Die Bestimmung des Magnetfeldes eines Exoplaneten

Ein anderes Problem der heutigen Technik ist die Messung eines Magnetfeldes bei einer fremden Welt. So geht man davon aus, dass Super-Erden ein 20 bis 30 % stärkeres Magnetfeld haben, doch leider werden wir auch in den kommenden Jahrzehnten nicht die Möglichkeit haben, das Magnetfeld eines Exoplaneten direkt zu messen, worauf mich Helmut Lammer vom Institut für Weltraumforschung der Österreichischen Akademie der Wissenschaften hinwies. Ferner erklärte mir Weltraumforscher Lammer, *„dass es indirekte Möglichkeiten gibt Informationen über ein Magnetfeld eines Planeten zu erhalten. Die erste Möglichkeit wäre gezielt nach Radiostrahlung von Exoplaneten zu suchen, die durch Elektronen hervorgerufen werden, die sich entlang der magnetischen Feldlinien bewegen. Diese Strahlung kann man auch bei den Gasriesen in unserem Sonnensystem beobachten, und anhand der Radiostrahlung kann man dann auf die Magnetfeldstärke der Magnetosphäre schließen. In Zukunft könnte man*

---

[3] Kaltenegger und Selsis (2008, S. 53).

mit Radioteleskopen, wie dem LOFAR-System, solche Emissionen beobachten. Für erdgroße Planeten wird das aber nach wie vor schwierig sein, da die Signale sehr schwach sind. Eine zweite Möglichkeit wäre die Beobachtung von Wasserstoff- wolken um erdähnliche Planeten durch UV-Spektrometer. Wenn der Sternwind mit der äußeren Atmosphäre wechselwirkt, können energiereiche Wasserstoffatome über Ladungsaustausch entstehen, welche dann eine Wasserstoffwolke um den Pla- neten bilden, deren Geschwindigkeitsspektrum beobachtet werden kann. Anhand dieser Daten kann man dann Hinweise finden, ob der Planet eine Magnetosphäre hat oder nicht, da diese die Form der Wasserstoffwolke beeinflusst. Für erdähnliche Planeten funktioniert diese Methode jedoch nur bei Zwergsternen, da das Verhält- nis Sterngröße zur Größe des Planeten inklusive seiner Atmosphäre nicht zu groß sein darf. Für jupiterähnliche Planeten hingegen funktioniert die Methode auch bei sonnenähnlichen Sternen. Es gibt für so einen Fall auch Beobachtungsdaten vom Hubble-Weltraumteleskop, das eine Wasserstoffwolke um den Planeten HD 209458b entdeckte (Abb. 6.2). Durch die Auswertung der Daten schloss man auf ein Planetenmagnetfeld, das etwa 40 % der Stärke des Magnetfeldes von Jupiter entspricht."

Auch bei einem anderen Exoplaneten erzielten die Astronomen mit der indirekten Methode einen Erfolg, denn im Jahr 2004 stellten auf dem 203rd American Astronomical Society Meeting in Atlanta, Georgia, kanadische As- tronomen erste Beweise für ein Magnetfeld eines Exoplaneten vor. Evgenya Shkolnik und Gordon Walker von der University of British Columbia und David Bohlender vom National Research Council of Canada beobachteten mit dem 3,6 m großen Canada-France-Hawaii Telescope auf der Spitze des Mauna Kea auf Hawaii den sonnenähnlichen Stern HD 179949.[4]

Der Stern befindet sich 90 Lichtjahre von uns entfernt im Sternbild Sagit- tarius, ist aber zu dunkel, um ihn mit bloßem Auge beobachten zu können. Marcy und Butler entdeckten hier bereits zuvor einen jupiterähnlichen Plane- ten, der 270 Mal massereicher als die Erde ist und in nur drei Tagen den Stern umkreist. Doch am interessantesten waren die hier beobachteten gigantischen magnetischen Stürme, welche „hot spots" verursachten und als helle Flecken sichtbar waren. Und nicht nur das, der „hot spot" wanderte mit dem Planeten mit und Gorden Walker sagte mir, dass die Interaktion zwischen Stern und Planet sehr wahrscheinlich durch magnetische und nicht durch Gezeitenkräf- te verursacht wird.

---

[4] http://www.astro.ubc.ca/News/ES.html (18.05.2010).

Abb. 6.2 Künstlerische Darstellung der Wasserstoffwolke um HD 209458 b. © ESA, Alfred Vidal-Madjar (Institut d'Astrophysique de Paris, CNRS, France) and NASA

Die Probleme bei der Bestimmung der Masse und des Orbits

Wie bereits im 2. Kapitel erwähnt, gibt es insbesondere bei langperiodischen Planeten Probleme, die Parameter einer fremden Welt zu bestimmen und hierzu gehört auch die Bestimmung des Orbits und der Masse eines Exoplaneten. Cristian Beaugé vom Observatorio Astronómico de Córdoba, der zusammen mit anderen Forschern einen sehr interessanten Fachartikel über die Parameterbestimmung bei der Radialgeschwindigkeitsmethode geschrieben hat,[5] erklärte mir, dass sich normalerweise aufgrund der Periodizität die Fourier-Analyse anbieten würde, doch kreisen vielen Exoplaneten auf langwierigen Umlaufbahnen und die Fourier-Analyse braucht mehrere aufgezeichnete Perioden, um ein akkurates Ergebnis zu liefern. Außerdem kommt es vor, dass monatelang ein Exoplanet nicht beobachtet werden kann, und somit eine Lücke in den Beobachtungsdaten vorliegt. Deswegen werden andere mathematische Verfahren verwendet. Die besten Ergebnisse wurden mit nicht-linearen Gleichungen erzielt, bei denen die wichtigsten Daten wie die planetare Masse und Exzentrizität allesamt Unbekannte sind. Diese Parameter werden dann immer mehr verfeinert, um so die Unsicherheiten zu beseitigen, bis die Ergebnisse mit den beobachteten Daten übereinstimmen, doch handelt es sich dabei immer nur um die Mindestmasse und nicht den genauen Wert (lediglich mit dem Gravitationslinseneffekt gelang es bislang die absolute Masse eines Exoplaneten zu bestimmen).[6] Ferner unterscheidet man zwischen primären Parametern, welche direkt aus den Daten herangezogen werden können, und sekundären Parametern, für die man weitere Quellen braucht.

Bei einem Sonnensystem mit nur einem Planeten können die primären Parameter recht einfach bestimmt werden, da die Umlaufperiode eines einzelnen Planeten in den Daten der Radialgeschwindigkeitsmethode enthalten ist und auch die Masse des Planeten proportional zu dem Maximum und Minimum ist. Doch auch bei einem einzelnen Planeten kann die Exzentrizität nur bestimmt werden, wenn Asymmetrien in den Daten gefunden werden. Ein Planet auf einem kreisrunden Orbit führt zu einer Sinus- oder Kosinus-Welle, während ein exzentrischer Orbit einige Schiefen in das Signal bringt.

Deswegen ist es vorteilhaft, wenn die Planeten in einem System nicht nur durch die Radialgeschwindigkeitsmethode, sondern auch durch die Transitmethode beobachtet werden, denn durch diese Methode erhält man zusätzlich Informationen über die Inklination, die Orbitperiode und den planetaren

---

[5] Beaugé et al. (2008, S. 1–25).
[6] Fridlund und Kaltenegger (2008, S. 53).

Abb. 6.3 Künstlerische Darstellung eines Mondes in einem Orbit um einen jupiter-rähnlichen Gasriesen, der in einem Dreifachsternsystem liegt. © NASA/JPL-Caltech

Radius, weshalb erst durch die Kombination der Daten ein Planetensystem vollständig beschrieben werden kann.

Ein anderes Problem sind die sekundären Parameter, wie z. B. die Masse eines Sterns richtig zu bestimmen ist, da diese großen Einfluss auf die übrigen Charakteristika eines Planeten haben. Da wir die Sterne aber nicht wiegen können, leitet sich die Masse eines Sterns zum Beispiel von anderen Parametern wie dem Alter oder der Oberflächentemperatur ab und deshalb haben diese Daten eine hohe Fehlertoleranz.

Ein weiteres Problem ist, wenn ein Planet nicht nur um einen Stern kreist, sondern in einem Doppel- oder gar Dreifachsternsystem seine Bahnen zieht. So war die Entdeckung eines jupiterähnlichen Planeten im Dreifachstern-system HD 188753 im Jahr 2005 in 149 Lichtjahren Entfernung eine große Überraschung. Obwohl weitere Untersuchungen diese Entdeckung bisher nicht bestätigen konnten, gibt es auch in solchen Systemen Planeten, die dicht auf einer kreisrunden Bahn um einen der Sterne kreisen oder womöglich auf einem chaotischen Orbit um mehr als einen Massenschwerpunkt ihre Bahnen ziehen (Abb. 6.3). Allerdings dürfte es für die betreffenden Planeten dann schwierig werden, eine stabile Bahn auf Dauer einzunehmen.

Deswegen war die Entdeckung eines Planeten im KIC 4862625 System im Oktober 2012 mit dem Kepler Weltraumteleskop sehr ungewöhnlich. In diesem System gibt es nämlich vier Sterne, von etwa 1000 AU auseinanderliegenden Doppelsternpaaren. Ungewöhnlich ist auch, dass der neptunähnlichen Planet PH1, den man auch als Kepler-64b bezeichnet, dabei von Hobby-Astronomen beim *Planet Hunters citizen science project* entdeckt wurde, welche die veröffentlichten Daten von Kepler auswerteten.[7]

Literatur

Beaugé, C., Ferraz-Mello, S., Michtchenko, T. A.: Planetary masses and orbital parameters from radial velocity measurements. In: Extrasolar Planets, S. 1–25. Wiley, Weinheim (2008)

Casoli, F., Encrenaz, T.: The New Worlds, S. 142–143. Springer, New York (2007)

Fridlund, M., Kaltenegger, L.: Mission requirements: how to search for extrasolar planets. In: Extrasolar Planets, S. 53. Wiley, Weinheim (2008)

Kaltenegger, L., Selsis, F.: Biomarkers set in context. In: Extrasolar Planets, S. 53. Wiley, Weinheim (2008)

Meadows, V.: Planetary environmental signatures for habitability and life. In: Exoplanets, S. 274. Springer, Heidelberg (2008)

---

[7] http://arxiv.org/abs/1210.3612 (18.03.2013).

7

Welche Typen von Exoplaneten gibt es?

Man kann einen Menschen nichts lehren, man kann ihm nur helfen, es in sich selbst zu entdecken.

Galileo Galilei (1564–1642)

Terrestrische Planeten

Terrestrische Planeten (Abb. 7.1), d. h. erdähnliche Planeten, sind der „Heilige Gral" bei der Suche nach Exoplaneten, da sie der beste Kandidat für mögliches außerirdisches Leben sind, sofern sich der Planet in der lebensfreundlichen Zone um einen Stern befindet. Deswegen liegt der Fokus auch auf ihnen, da sie mit einem Durchmesser von etwa 10 000 km, einem felsigen Untergrund und mit einer Dichte, die fünfmal höher ist als Wasser, an unseren Blauen Planeten erinnern. Seitdem durch neue Technologien immer kleinere Exoplaneten aufgespürt werden können, ist die Jagd nach einer zweiten Erde eröffnet.

In unserem Sonnensystem, dem Sol-System, erfüllen neben der Erde auch noch Mars, Venus und Merkur die terrestrischen Kriterien, wobei die Erde der größte Planet ist. Doch leider ist es schwierig, so kleine Planeten aufzuspüren und bisher wurden auch nur ganz wenige Planeten mit einer ähnlichen Größe wie der Erde gefunden, zum Beispiel Gliese 581 g mit dem 1,2 bis 1,4-fachen Erddurchmesser.

Super-Erden

Die Super-Erden (Abb. 7.2) bilden einen wichtigen Zwischenschritt und mehrere dieser Welten wurden bereits in anderen Sonnensystemen entdeckt. Diese sind bis zu zehnmal größer als die Erde, dennoch haben sie einen felsigen Untergrund und sind demnach auch erdähnlich.

Ob eine Super-Erde Leben beherbergen kann, hängt maßgeblich von ihrer Atmosphäre ab, denn eine ähnliche Atmosphäre wie die der Venus ist für

Abb. 7.1 Künstlerische Darstellung von unterschiedlichen erdähnlichen Planeten. © NASA/JPL-Caltech/R. Hurt (SSC-Caltech)

Abb. 7.2 Künstlerische Darstellung einer Super-Erde in einem Doppelsternsystem. © ESO/L. Calçada

Lebensformen nicht gerade förderlich, auch wenn es die Hypothese gibt, dass in den höheren Wolkenschichten einfache Lebensformen existieren könnten.

Doch leider ist es alles andere als einfach, von der Erde aus die Atmosphäre eines entfernten Planeten auf die einzelnen Bestandteile hin zu untersuchen. Zwar gelingt dies bei Riesenplaneten wie dem Jupiter, wenn der Planet an der Vorderseite seines Heimatsterns vorbeizieht und so durch eine Spektralanalyse die chemische Zusammensetzung bestimmt werden kann, doch bei kleineren Planeten ist es schon schwierig genug zu bestimmen, ob der Planet überhaupt eine Atmosphäre besitzt oder nicht.

Die Harvard-Forscher Eliza Miller-Ricci und Dimitar Sasselov haben sich dazu ihre Gedanken gemacht und die Atmosphären von Super-Erden in drei Bereiche eingeteilt. Zum einen gehen sie von einer vielschichtigen Atmosphäre aus, wie sie die Erde und Venus besitzen. Dann von einer ähnlichen Atmosphäre, wie sie die Urerde besessen hat, die reich an Wasserstoff war und damit auch der kohlenwasserstoffreichen Atmosphäre des heutigen Titan ähnelt. Und zum anderen von einer dritten Gruppe, welche zwischen den ersten beiden liegt.[1]

Da bisher nur selten eine Super-Erde durch die sogenannte Transitmethode aufgespürt werden konnte, die erste Entdeckung war Anfang 2009 der Exoplanet COROT-7 b, ist es schwierig, Atmosphäreneigenschaften dieser Planeten zu erforschen. Deswegen favorisieren die Forscher eine Unterscheidung der Atmosphärentypen per Infrarot-Spektroskopie und haben neue Beobachtungsmethoden erarbeitet, mit denen es vielleicht gelingt, einen lebensfreundlichen Planeten aufzuspüren.

Eine interessante Entdeckung von Super-Erden wurde mithilfe des HARPS-Instruments des European Southern Observatory (ESO) gemacht. Man fand ein Dreifach-System von Super-Erden um den Stern HD 40307 herum, der 42 Lichtjahre von uns entfernt ist, in den südlichen Sternbildern „Malerstaffelei" und „Schwertfisch". Die Planeten habe eine Masse von 4,2, 6,3 und 9,4 Erdmassen und umkreisen den Stern in 4,3, 9,6 und 20,4 Tagen.[2]

Des Weiteren zeigen die gesammelten Daten der HARPS-Untersuchung 45 Kandidaten, die jeweils eine Masse von weniger als 30 Erdmassen besitzen und sich in einer Umlaufbahn befinden, die weniger als 50 Tage beträgt. Das könnte bedeuten, dass einer von drei sonnenähnlichen Sternen solche Planeten beherbergt.

In weiteren Sonnensystemen entdeckte man mit HARPS auch eine Super-Erde mit 7,5 Erdmassen um den Stern HD 181433, wobei der Planet den Stern alle 9,5 Tage umkreist.

---

[1] http://www.cfa.harvard.edu/news/2009/su200919.html (29.05.2010).
[2] http://www.eso.org/public/news/eso0819/ (29.05.2010).

Wasserwelten

Wissenschaftler sind ferner von der Existenz von terrestrischen Wasserwelten überzeugt, auch wenn diese bisher nicht entdeckt wurden. Dieser Planetentyp wäre nicht nur partiell von Wasser bedeckt wie die Erde, sondern vollkommen von einem Ozean umschlossen. Forscher der University of Washington in Seattle haben im Jahre 2003 Computersimulationen durchgeführt, die auf unserem Sonnensystem beruhten, und haben dabei untersucht, wie die Erde zu ihrem Ozean kam. Sie entdeckten, dass die Erde in der Anfangsphase viel zu heiß für das flüssige Wasser war und wohl erst später durch eisige Kometen zu ihrem feuchten Anteil kam. Überraschenderweise enthüllten die 42 durchgeführten Computersimulationen aber auch, dass die Hälfte aller simulierten Planeten deutlich wasserreicher und viele erdähnliche Planeten auch vollkommen von Wasser umhüllt waren und dieser Planetentyp damit durchaus realistisch ist.[3]

Andere Computersimulationen enthüllten zudem, dass nicht nur kleinere erdähnliche Planeten komplett von Wasser umhüllt sein könnten, sondern dass auch Super-Erden einen alles bedeckenden Ozean haben könnten. Super-Erden haben die bis zu 10-fache Masse unseres Planeten und aufgrund der stärkeren Gravitationskraft können sie wesentlich flacher und somit auch vollkommen von Wasser umhüllt sein.

Gasriesen

Bei den Gasriesen müssen wir die aus unserem Sonnensystem bekannten Planeten in zwei Typen unterscheiden. Zum einen haben wir hier die Gasgiganten Jupiter (Abb. 7.3) und Saturn und zum anderen die Eisriesen Neptun und Uranus. Eisriesen bedeutet hierbei aber nicht, dass diese Planeten vorwiegend aus Wassereis bestehen, sondern dass es sich um kalte Gasriesen handelt, die vorwiegend aus schwereren Elementen als Wasserstoff und Helium, wie z. B. Ammoniak und Methan, bestehen.

Der größte und massereichste Planet unseres Sonnensystems, Jupiter, entstand wie die anderen Planeten auch in einer protoplanetaren Scheibe, wo aus sandkorngroßen Objekten, durch Kollisionen untereinander, immer größere Gesteinsbrocken entstanden sind, bis das Planetenformungsmaterial aufgebraucht war. Dennoch weisen Jupiter und auch Saturn im Wesentlichen die gleichen Elemente wie unsere Sonne auf. Hätte Jupiter 80 Mal mehr Material gesammelt, wäre aus ihm ein Stern oder zumindest ein Brauner Zwerg gewor-

---

[3] http://www.nature.com/news/1998/030818/full/news030818-10.html (21.04.2010).

Abb. 7.3 Jupiter mit seinem „Großen Roten Fleck", aufgenommen von der Cassini-Sonde. © NASA/JPL/Space Science Institute

den. Wie alle anderen Planeten unseres Sonnensystems auch besitzt Jupiter einen Gesteinskern. Aufgrund der stärker werdenden Drücke und den immer höher werdenden Temperaturen in den tieferen Atmosphärenschichten des Jupiters kommen die Gase Wasserstoff und Helium aber in allen Aggregatzuständen vor und es gibt demnach auch festen Wasserstoff auf ihm, den man auch metallischen Wasserstoff nennt, welcher gut elektrisch leitfähig ist und neben der schnellen Rotation um die eigene Achse auch für das sehr starke Magnetfeld des Jupiters mitverantwortlich ist, das 20 000 Mal stärker ist als das der Erde.

Hot Jupiter

Hot Jupiter sind Gasriesen mit einer ähnlichen Masse wie Jupiter aus unserem Sonnensystem, die nahe, in nur wenigen Tagen, um einen Stern kreisen und aufgrund des geringen Abstandes eine gebundene Rotation aufweisen. Der Planet dreht sich während eines Umlaufs um den Stern auch einmal um seine eigene Achse und zeigt deshalb dem Stern immer dieselbe Seite. Ferner weisen sie auch nur eine geringe Exzentrizität auf, d. h. eine geringe Abweichung von der idealen Kreisbahn.

Der erste extrasolare Planet um einen sonnenähnlichen Stern, der entdeckt wurde, gehörte zu diesem Typ und dies war eine echte Überraschung, da man so große Planeten wie den Jupiter nicht auf so engen Umlaufbahnen vermutet hatte. Heute gehören die meisten Exoplaneten, die bislang entdeckt wurden, diesem Typ an, da sie gut durch die Radialgeschwindigkeits- oder Transitmethode entdeckt werden können.

Aber nicht nur der geringe Abstand zum Stern unterscheidet diesen Typen vom Jupiter, sondern auch die Anzahl der Wolkenbänder. Adam Showman von der University of Arizona machte mich darauf aufmerksam, dass die langsame Rotation um die eigene Achse auch Auswirkungen auf das atmosphärische Wetter und damit auf die Anzahl der Wolkenbänder hat. Während man auf Jupiter in unserem Sonnensystem bis zu 20 Wolkenbänder beobachten kann, sind die Wissenschaftler davon überzeugt, dass Hot Jupiter nur wenige (um die drei) aber deutlich breitere Wolkenbänder aufweisen.

Very hot Jupiter

„Very hot Jupiter" (Abb. 7.4) ist eine besondere, aber sehr seltene Klasse innerhalb der Hot-Jupiter-Gemeinschaft mit noch wesentlich extremeren Eigenschaften. Sie befinden sich noch bedeutend dichter am Stern und aufgrund dessen herrschen auf ihnen sehr hohe Temperaturen. Die Einstrahlung der Sonne und die Auswirkungen der Sonnenwinde sind dabei so stark, dass die äußeren Atmosphärenschichten regelrecht weggefegt werden und deshalb weist dieser Exoplanetentyp auch eine wesentlich geringere Dichte auf, als man vermuten würde.

Ihr erster Vertreter wurde durch die Transitmethode bei dem Stern OGLE-TR-56 entdeckt. Dieser Planet hat die Masse von Jupiter, rast jedoch in 1,2

Abb. 7.4   Künstlerische Darstellung eines „Very hot Jupiter". © ESA – C.Carreau

Tagen um den Stern. Der Abstand zwischen den beiden beträgt dabei gerade einmal 6000 km. Es gilt dabei als sicher, dass ein massereicher Planet nicht so nah am Stern entstehen kann, sondern weiter außerhalb entstanden sein muss. Warum dieser aber ins innere System gewandert ist und so dicht am Stern stoppte und nicht in ihn hineinfiel, bleibt ein Rätsel.

Chthonian Planet

Das ist ein hypothetischer Planetentyp, bei dem es sich um einen ehemaligen Hot Jupiter handelt, bei dem aber die komplette Atmosphäre abgetragen wurde und nur noch der feste Kern des Planeten übrig geblieben ist.

Hot Neptune

Bei einem Hot Neptune handelt es sich um einen Planetentyp mit einer ähnlichen Masse und Zusammensetzung wie die Planeten Neptun und Uranus aus unserem Sonnensystem, der aber wesentlich näher (typischerweise weniger als 1 AU) am Stern seine Bahnen zieht und folglich eine deutlich wärmere Atmosphäre aufweist. Zumindest zwei der drei Planeten um den Stern HD 69380 könnten zu diesem Typ gehören, da sie mit 10,5 und 12 Erdmassen eine ähnliche Masse wie Uranus haben, der auf 14 Erdmassen kommt, und obendrein wesentlich näher um den Stern kreisen als in unserem Sonnensystem der Planet Merkur. Außerdem könnte der Planet Gliese 436 b mit 0,07 Jupitermassen (etwa 22 Erdmassen) und einer Distanz von nur 0,0285 AU noch zu diesem Typ gehören. Auch der Exoplanet HAT-P-11b, benannt nach den Roboterteleskopen des HATNet (Hungarian made Automated Telescope Network), die den Planeten entdeckten, hat mit der 25-fachen Masse der Erde eine ähnliche Masse wie Neptun, der auf 17-Erdmassen kommt. Aufgrund der geringen Entfernung von HAT-P-11b zum Stern, er ist nur 0,053 AU entfernt und umkreist diesen in 4,9 Tagen, hat er eine Oberflächentemperatur von über 600 °C.

Genau wie bei der Klasse der Hot Jupiter geht man auch hier davon aus, dass sich diese Planeten zunächst im äußeren Bereich des Sonnensystems, in der Schneezone, gebildet haben und später ins innere Sonnensystem auf ihre jetzigen Umlaufbahnen, migriert sind.

Ocean Planets

Anders als bei den erdähnlichen Wasserwelten handelt es sich bei Ocean Planets um hypothetische Eisriesen, also um neptun- oder uranusähnliche Planeten, die aber auch etwas leichter sein können und aufgrund der Dynamik eines Sonnensystems von den kälteren, äußeren Bereichen eines Solarsystems in das wärmere, innere System migrieren, wo die Temperaturen flüssiges Wasser erlauben. Da die obere Atmosphärenschicht der Eisriesen vorwiegend aus Wasserstoff besteht, fehlt zunächst nur der Sauerstoff, um eine feuchte Oberfläche zu bekommen. Dieser kann aber zum Beispiel durch Kometen geliefert werden oder aber schon bei der Entstehung als Eis vorliegen, weshalb auch solche Planeten komplett von einem Ozean bedeckt sein können.[4]

Ähnliches könnte auch in unserem Sonnensystem im kleineren Maßstab passieren, denn mit fortschreitendem Alter wird unsere Sonne immer heißer

---

[4] Lammer et al. (2009, S. 226–228).

werden und sich im Endstadium ihres Lebens bis weit über die Umlaufbahn des Planeten Venus ausdehnen und könnte so die Eisdecke der Jupitermonde Europa, Ganymed und Kallisto schmelzen. Doch dieses Stadium dauert nur wenige Hundert Millionen Jahre, bevor sich unsere Sonne in einen Roten Riesen und letztendlich einen Weißen Zwerg verwandelt.

Exzentriker

Exzentriker sind Planeten, die nicht auf kreisähnlichen Umlaufbahnen, sondern auf exzentrischen Umlaufbahnen einen Stern umkreisen. Die größte Exzentrizität in unserem Sonnensystem hat mit 0,2056 der Planet Merkur. Doch gibt es Exoplaneten, die eine deutlich höhere Exzentrizität aufweisen und damit auf deutlich ausgeprägteren elliptischen Bahnen kreisen. Es gibt sogar Planeten wie HD 20782 b, der mit einer Exzentrizität von 0,92 nur knapp unterhalb des Wertes 1 liegt und demnach auf einer extrem weitläufigen elliptischen Bahn kreist und deswegen auch 585 Tage für einen Umlauf um den Stern braucht.[5]

Literatur

Lammer, H. et al.: What makes a planet habitable? Astron. Astrophys. Rev. **17**, 226–228 (2009)

---

[5] http://exoplanet.eu/planet.php?p1=HD+20782&p2=b (17.05.2010).

8

Die interessantesten Exoplaneten

Es gibt unzählige Welten, sowohl solche wie die unsere als auch andere.
Wir müssen akzeptieren, dass es auf allen Welten Lebewesen, Pflanzen
und andere Dinge gibt, wie wir sie auf unserer Welt erblicken.
Epikur (3. Jahrhundert vor Christus)

War in den 1990er Jahren noch jeder entdeckte Exoplanet eine Sensation, wurden bis heute schon mehr als 800 Planeten um ferne Sterne aufgespürt (Abb. 8.1). Mittlerweile wissen wir auch, dass ungefähr sieben Prozent aller Sterne einen gigantischen Planeten innerhalb von 3 AU haben und dass 20 % aller Sterne Planeten besitzen. Aufgrund des technologischen Fortschritts können heute immer mehr erdähnliche Planeten aufgespürt werden, zudem wissen wir, dass Sterne, die einen höheren oder den gleichen Anteil an Metallen haben wie unsere Sonne, umso wahrscheinlicher Planeten besitzen. Außerdem wurden mit dem HARPS-Instrument auch ein paar Exoplaneten um metallarme Sterne entdeckt. Wobei für Astronomen alles, was schwerer ist als Helium, schon als Metall gilt. Dass die Metallizität so wichtig ist, weist darauf hin, dass schon die Zusammensetzung des protostellaren Nebels einen Einfluss darauf hat, ob sich in einem Sonnensystem Planeten bilden oder nicht.[1] Ferner sind anders als bei den Planeten in unserem Sonnensystem exzentrische Orbits gewöhnlich und nur 10 % haben einen annähernd kreisförmigen Orbit.

Kepler-22b

Mit Kepler-22b wurde ein Exoplanet mit dem 2,4-fachen Erddurchmesser in der habitablen Zone um einen Stern in 600 Lichtjahren Entfernung gefunden. Wie der Name schon vermuten lässt wurde der Planet mit dem Kepler-Weltraumteleskop entdeckt und war bei seiner Entdeckung der erste Planet in der lebensfreundlichen Zone welcher mit der Transitmethode aufgespürt

---

[1] Irwin (2008, S. 11).

Abb. 8.1   Darstellung der Karte unserer Galaxis. © NASA

wurde. Bestätigt wurde diese Entdeckung vom Spitzer-Weltraumteleskop und dem Keck-Observatorium (Abb. 8.2).

Der Planet braucht 290 Tage für einen Umlauf um den Stern KIC 10593626, welcher zum Spektraltyp G5 gehört und damit ähnliche Eigenschaften wie unsere Sonne besitzt, auch wenn dieser etwas kleiner und kühler ist.[2]

Man vermutet das es sich bei Kepler-22b um einen Ozeanplaneten mit einem felsigen Kern handelt. Doch weitere Beobachtungen sind notwendig um dies zu bestätigen, zumal man momentan auch noch nicht weiß ob sich der Planet auf einem eher kreisförmigen oder stark elliptischen Orbit bewegt.

Auch die Frage nach einer Atmosphäre ist noch nicht geklärt. Ohne Atmosphäre würde die Oberflächentemperatur bei ungefähr −11 °C liegen, doch im Falle eines natürlichen Treibhauseffektes könnte die Oberflächentemperatur auch angenehme 22 °C betragen. Allerdings wäre aber auch ein venusähnliches Szenario möglich mit einem sich selbst verstärkenden Treibhauseffekt mit deutlich höheren Temperaturen möglich, was die Lebensfreundlichkeit stark verringern würde.

---

[2] http://arxiv.org/abs/1112.1640 (19.03.2013).

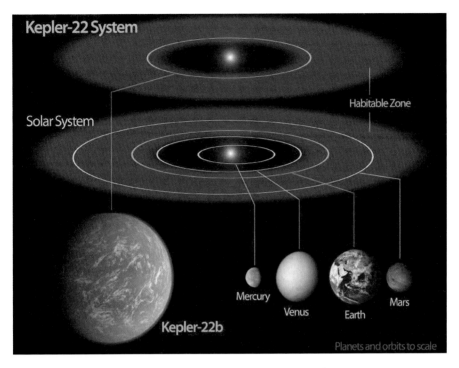

Abb. 8.2   Orbit von Kepler 22b im Vergleich zu den inneren Planeten unseres Sonnensystems. (© NASA/Ames/JPL-Caltech)

Gliese-581-System

Das Gliese-581-System ist, wie auch alle anderen Gliese-Systeme nach der Katalognummer des Sternenkatalogs von Wilhelm Gliese benannt, der die Sterne bis 25 pc Entfernung enthält, und es ist eines der interessantesten Sonnensysteme überhaupt. Das System befindet sich 20,3 Lichtjahre von uns entfernt im Sternbild Waage und gehört zu den 100 am nächsten liegenden Systemen (genauer gesagt liegt es an 87ster Stelle). Hier kreisen um einen Roten Zwergstern, der nur ein Drittel der Masse unserer Sonne hat, sechs Planeten.

Mit Gliese 581 c (Abb. 8.3) wurde hier im April 2007 der erste massearme Planet (fünffache Erdmasse) in der Nähe der lebensfreundlichen Zone gefunden und im Falle eines natürlichen Treibhauseffektes, wie ihn auch die Erde besitzt, könnte dieser Planet tatsächlich Leben beherbergen. Der kurz darauf entdeckte Planet Gliese 581 d liegt sogar sicher innerhalb dieser Zone und zählt mit seiner achtfachen Erdmasse ebenfalls zu den Super-Erden, weshalb schon Botschaften mit Nachrichten von der Erde aus zu diesem Planeten geschickt wurden.

Abb. 8.3   Künstlerische Darstellung von Gliese 581 c. © ESO

Die im April 2009 verkündete Entdeckung von Gliese 581 e hingegen rief noch mehr Aufmerksamkeit hervor, denn dieser Planet besitzt nur die 1,9-fache Masse der Erde und ist damit einer der erdähnlichsten Planeten überhaupt. Doch aufgrund seines geringen Abstandes zum Stern von nur 0,03 AU liegt dieser Stern außerhalb der Zone, in der die Temperaturen flüssiges Wasser erlauben (Abb. 8.4). Ferner existiert auf diesem Planeten wohl auch keine Atmosphäre, da die Strahlung vom Stern und die Sonnenwinde diese abtragen würden. Gliese 581 e braucht für einen Umlauf um den Stern nur 3,15 Tage.

Eine echte Sensation hingegen war die Entdeckung von Gliese 581 g im September 2010. Steven Vogt und Paul Butler kombinierten die aufgezeichneten Radialgeschwindigkeitsdaten aus elf Jahren des HIRES-Instruments des Keck und des HARPS-Instruments der ESO und stießen so auf einen Planeten, der sehr stark an unsere Erde erinnert. Dieser hat nur den 1,2 bis 1,4-fachen Erddurchmesser, ist aber mit drei bis vier Erdmassen schwerer als unser Planet. Gliese 581 g befindet sich etwa 0,146 AU vom Stern entfernt und braucht für einen Umlauf 36,6 Tage, doch befindet sich diese Welt definitiv in der habitablen Zone und Gliese 581 g kommt einer zweiten Erde schon sehr nahe. Doch noch sind weitere Untersuchungen nötig, um herauszufinden, ob dieser Planet auch eine lebensfreundliche Atmosphäre besitzt und ob andere Teleskope diese Entdeckung bestätigen können.

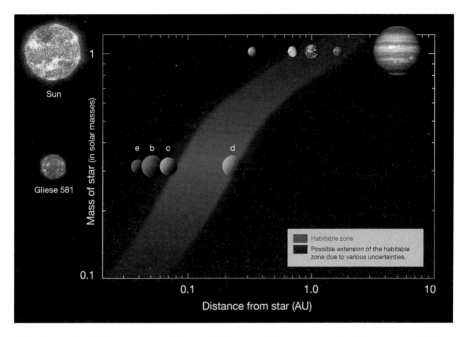

Abb. 8.4 Zwei Planeten im Gliese-581-System könnten in der lebensfreundlichen Zone liegen. © ESO

Gliese 876 c

Das Gliese-876-System ist nur 15 Lichtjahre entfernt und hier kreisen gleich vier Planeten um den Stern. Zwei der Planeten sind jupiterähnlich und weiter draußen existiert auch eine uranusähnliche Welt, die mit zwei Planeten dieses Systems eine Laplace-Resonanz bildet, wie es auch die innersten Galileischen Monde des Jupiters tun, doch am interessantesten war die Entdeckung von Gliese 876 c. Dieser Planet ist aufgrund seiner relativ geringen Masse, welche etwa fünf Erdmassen entspricht, erdähnlich, wobei es nicht ratsam ist, ein Grundstück dort zu kaufen, um ein Haus auf ihm zu bauen, einfach aus dem Grund, da das Haus wahrscheinlich schmelzen würde. Die Oberflächentemperatur auf dem Planeten liegt nämlich bei mehreren Hundert Grad Celsius. Grund dafür ist die geringe Entfernung des Planeten zum Stern.

In unserem Sonnensystem liegt die bewohnbare Zone, in der die Temperaturen flüssiges Wasser erlauben, zwischen 0,95 bis 1,37 AU oder einfacher ausgedrückt, zwischen den Umlaufbahnen von Venus und Mars. Der Stern im Gliese-876-System ist ein Roter Zwerg und hat eine 600 Mal schwächere Leuchtkraft als unsere Sonne, weshalb die bewohnbare Zone in diesem System zwischen 0,06 bis 0,22 AU liegt. Mit 0,021 AU ist der neu entdeckte Planet also zu dicht am Stern, um in der bewohnbaren Zone zu liegen, und ist ferner auch größeren Mengen an Strahlung ausgesetzt.

Eine weitere Komplikation für einen Planeten auf einer so engen Umlaufbahn sind die Gezeitenkräfte des Sterns, da durch diese immer dieselbe Seite des Planeten zur Sonne gerichtet ist. Wenn nicht eine beachtliche Atmosphäre die ganze Hitze gleichmäßig verteilt, wird eine Hälfte des Planeten gegrillt, während die andere kühl bleibt.

Der Stern Gliese 876 ist etwa elf Milliarden Jahre alt und damit etwa doppelt so alt wie unsere Sonne. Dennoch befindet sich dieser Stern gerade im „Teenager-Alter", da M-Klasse-Sterne (Rote Zwerge) eine Lebenserwartung von etwa 100 Mrd. Jahren haben, während G-Klasse-Sterne, wie unsere Sonne, schon nach 10 Mrd. Jahren ihren Kernbrennstoff aufgebraucht haben.

Gliese 876 zählt zu den metallarmen Sternen, und da der Stern und die Planeten eines Systems aus den gleichen Materialien geformt werden, ist es wahrscheinlich, dass der neu entdeckte Planet eine geringe Metallizität besitzt.

Kepler-37b – Der kleinste bekannte Exoplanet

Das Kepler-Weltraumteleskop entdeckte mit Kepler-37b einen Exoplaneten, der fast nur so groß wie der Erdmond ist. In unserem Sonnensystem hätte es der Exoplanet damit schwer überhaupt ernst genommen bzw. als vollwertiger Planet anerkannt zu werden. Dennoch zeigt diese Entdeckung wie weit heute bereits die Technik ist und was man mit der Transitmethode, unter günstigen Bedingungen, erreichen kann.

Kepler-37b kreist alle 13 Tage um einen sonnenähnlichen Stern in 210 Lichtjahren Entfernung und es dürfte sich hierbei nur um einen kahlen Felsbrocken ohne Atmosphäre handeln.

Daneben wurden mit Kepler-37c und Kepler-37d zwei weitere Planeten in diesem System gefunden. Kepler-37c ist etwas kleiner und Kepler-37d etwa doppelt so groß wie die Erde. Alle drei Planeten befinden sich auf Orbits die sehr viel näher am Stern liegen als in unserem Sonnensystem der Planet Merkur um die Sonne kreist.

Alpha Centauri b

Bereits 1994 entdeckten Astronomen bei der Sammlung von Daten mit dem Hubble-Weltraumteleskop Unregelmäßigkeiten in der Bewegung von Proxima Centauri, dem Stern in diesem Dreifachsternsystem, welcher unserem Sonnensystem am nächsten ist. Sie traten alle 77 Tage auf und sie errechneten, dass ein Körper von 0,8 Jupitermassen in unmittelbarer Nähe zum Stern dafür verantwortlich sein könnte. Zwei Jahre später fand eine andere Gruppe

Abb. 8.5 Der erdgroße Planet Alpha Centauri b in einem Orbit um den sonnenähnlichen Stern Alpha Centauri B. Von der Oberfläche des Planeten könnte man auch unsere Sonne sehen. © ESO/L. Calçada/Nick Risinger (skysurvey.org)

von Astronomen ebenfalls Hinweise auf einen potentiellen planetaren Begleiter, allerdings weiter vom Stern entfernt und wesentlich massereicher, da auch ein Brauner Zwerg nicht ausgeschlossen wurde, doch bislang konnten die Hinweise nicht bestätigt werden.

An anderer Stelle in diesem System, genauer gesagt um den sonnenähnlichen Stern Alpha Centauri B (Abb. 8.5) hingegen scheint man nun fündig geworden zu sein. Dabei deutet alles auf einen etwa erdgroßen Planeten hin, der den Stern alle 3,2 Tage umkreist und dabei nur 6 Mio. km entfernt ist. Entdeckt wurde dies mit dem HARPS-Instrument der ESO und dabei beträgt der Effekt durch das gravitationsbedingte ziehen des Planeten am Stern gerade einmal 51 Zentimeter pro Sekunde.[3]

Plejaden

Die Plejaden sind eine der markantesten Sternenkonstellationen am Nachthimmel und auch bei den 7 Töchtern der Atlas und Pleione, bekannt aus der griechischen Mythologie, wurden mit dem Gemini-Observatorium und dem Spitzer-Weltraumteleskop Hinweise auf Planeten gefunden.[4]

---

[3] http://www.eso.org/public/news/eso1241/ (02.03.2013).
[4] http://www.newsroom.ucla.edu/portal/ucla/rocky-planets-are-forming-in-the-40289.aspx (22.02.2013).

Für die antike Landwirtschaft und damit auch für die Kalenderentwicklung war das Auftauchen dieses offenen Sternhaufens am Sternenhimmel von fundamentaler Bedeutung und selbst auf der Himmelsscheibe von Nebra scheint es, dass dieses himmlische Gestirn dort verewigt wurde.

Allerdings handelt es sich bei den Plejaden nicht nur um 7 Sterne sondern um einen Sternhaufen von 1400 zumeist jungen Sternen von nur ein paar Hundert Millionen Jahren, welche nur 400 Lichtjahre von uns entfernt sind.

Um den Stern HD 23514 wurde dabei eine Unmenge an Staubpartikeln gefunden und womöglich stammen diese von einer Planetenkollision. Solche Kollisionen sind in jungen Systemen nichts Ungewöhnliches und gehören zum Planetenbildungsprozess. Auch die Erde wurde in jungen Jahren sehr wahrscheinlich von einem marsgroßen Planetoiden getroffen und hieraus entstand letztendlich der Mond.

HD 209458 b (Osiris)

HD 209458 b (Abb. 8.6) ist inoffiziell bekannt unter dem Namen des ägyptischen Gottes Osiris und liegt 150 Lichtjahre von uns entfernt.

Dieser Planet besitzt zwei Drittel der Masse des Jupiters, ist aufgrund der Nähe zum Stern und der deswegen aufgeheizten Atmosphäre aber etwas größer. Wegen des Abstandes von nur 6,92 Mio. km braucht der Planet auch nur 3,5 Tage für einen Umlauf und Osiris zählt deshalb zur Klasse der Hot Jupiter.

Berühmt wurde dieser Planet dadurch, dass seine Atmosphäre vom Stern regelrecht verdampft wird und dabei eine Art „Kometenschweif" gebildet wird. Dies ist auch der Grund dafür, warum dieser Planet den Spitznamen Osiris trägt, da nach der altägyptischen Mythologie diese Gottheit von ihrem Bruder Seth getötet und in Stücke geschnitten wurde, um zu verhindern, dass dieser wieder aufersteht.

Ferner entdeckte man mit dem Hubble-Weltraumteleskop große Mengen an Wasserdampf, aber auch Sauerstoff und Kohlenstoff in der Atmosphäre des Planeten. Spätere Untersuchungen mit dem VLT der ESO enthüllten zudem, dass starke Winde mit 5000 bis 10 000 km/h über den Planeten rasen.

HD 80606 b

Der Gasgigant HD 80606 b ist 190 Lichtjahre von der Erde entfernt und nicht nur aufgrund seiner Oberflächentemperatur ungewöhnlich, auch seine Umlaufbahn ist nicht gerade typisch, denn diese pendelt zwischen 0,03 und 0,85 AU. Auf unser Sonnensystem bezogen bedeutet dies, dass er sich fast so

Abb. 8.6   Künstlerische Darstellung von HD 209458 b. © ESA and A. Vidal-Madjar (Institut d'Astrophysique de Paris, CNRS, France)

weit hinaus wie die Erde bewegt, nur um der Sonne dann sehr viel näher als Merkur zu kommen. In nur sechs Stunden können die Temperaturen deshalb von 800 K auf 1500 K steigen.

HD 80606 b wurde im Jahr 2001 von einem schweizerischen Team unter der Leitung von Dominique Naef mit der Doppler-Methode entdeckt. Der Planet braucht für eine Rotation um die eigene Achse fast 34 h und für einen Umlauf 111 Tage und die meiste Zeit davon ist er weit vom Stern entfernt. Später entdeckte das Spitzer-Weltraumteleskop extreme Temperaturschwankungen, die darauf hindeuten, dass die Luft nahe der gasförmigen Oberfläche des Planeten die Hitze schnell absorbieren und wieder verlieren muss.

GJ 1214 b

GJ 1214 b (Abb. 8.7) ist 40 Lichtjahre von uns entfernt, befindet sich im Sternbild Ophiuchus und dieser Planet könnte sehr wasserreich oder gar ein Ozeanplanet sein. Dieser Planet ist erst die zweite Super-Erde, bei der Masse und Radius exakt bestimmt werden konnten, und die erste Super-Erde über-

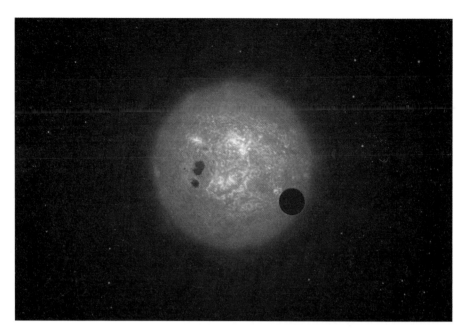

Abb. 8.7   Künstlerische Darstellung von GJ 1214. © ESO/L. Calçada

haupt, auf der eine Atmosphäre nachgewiesen werden konnte, von der man glaubt, dass sie etwa 200 km dick ist. Seine Masse beträgt sechs Erdmassen und sein Radius 2,7 Erdradien. Sein Inneres besteht wahrscheinlich aus gefrorenem Eis. Aufgrund des geringen Abstandes zum Stern von nur 2 Mio. km rast der Planet in 38 h um diesen herum. Seine Oberflächentemperatur wird auf ungefähr 200 °C geschätzt.[5]

PSR B1620-26 b

Der Methusalem unter den Planeten hat ein Alter von rund 12,7 Mrd. Jahren und existiert damit schon ein paar Milliarden Jahre länger als unser Sonnensystem, das ungefähr 4,6 Mrd. Jahre alt ist. Dieser jupitergroße Planet, der vom Hubble-Weltraumteleskop aufgespürt wurde, hat eine außergewöhnliche Geschichte hinter sich, befinden sich in seiner Nachbarschaft doch ein ausgebrannter Stern und ein Pulsar.

Der Planet, der die 2,5-fache Masse des Jupiters hat, benötigt für einen kompletten Umlauf ein Jahrhundert und befindet sich im Kern des antiken Kugelsternhaufens M 4, 12 400 Lichtjahre von uns entfernt, im Sternbild Skorpion.[6]

---

[5] http://www.eso.org/public/news/eso0950/ (01.08.2010).
[6] http://hubblesite.org/newscenter/archive/releases/2003/19/text/ (31.08.2010).

Ein Merkmal von Kugelsternhaufen ist das Fehlen bzw. der geringe Anteil von schweren Elementen, da sie sich zu einem Zeitpunkt gebildet haben, als das Universum noch einen Mangel davon aufwies. Denn erst bei einer Supernova-Explosion eines Riesensterns sind die Druckverhältnisse im Inneren der Sterne groß genug, auch die höheren Elemente des Periodensystems herzustellen.

Demnach dürften Kugelsternhaufen der letzte Ort sein, wo man nach extrasolaren Planeten suchen würde, da auch Gasriesen wie Saturn und Jupiter einen festen Kern aus Metallen haben.

Die Geschichte der Entdeckung des Planeten reicht auf das Jahr 1988 zurück, denn da wurde ein Pulsar, dem man die Bezeichnung PSR B1620-26 gab, im Kugelsternhaufen M 4 entdeckt. Dieser sich schnell drehende Neutronenstern rotiert etwa 100 Mal pro Sekunde und sendet Radioimpulse wie ein Leuchtturm Lichtstrahlen aus. Des Weiteren wurde in der Nähe ein ausgebrannter Stern, ein Weißer Zwerg, gefunden. Beide Objekte umkreisen sich zweimal im Jahr.

Ein wenig später, im Jahr 1993, entdeckten Astronomen dann die Unregelmäßigkeiten im Pulsar, die auf ein drittes Objekt hindeuteten. Doch dieses Objekt war viel zu klein für einen Stern und deswegen vermutete man einen Planeten, aber zum damaligen Zeitpunkt konnte man auch einen Braunen Zwerg nicht ausschließen, weshalb die Debatte zunächst weiterging, bis Forscher 2003 das Hubble-Weltraumteleskop benutzten. Nun konnte man die Masse des Objekts auf 2,5 Jupitermassen bestimmen, damit ist das Objekt eindeutig zu leicht für einen Braunen Zwerg.

Die Geschichte des Planeten ist deshalb außergewöhnlich, da er die mörderische ultraviolette Strahlung, die Strahlung einer Supernova und deren Schockwelle, unbeschadet überstanden hat.

HD 70642 b

Eine weitere besondere Welt befindet sich um den entfernten Stern HD 70642. Denn der hier gefundene Planet von der doppelten Masse des Jupiters zieht seine Bahnen auf einem fast kreisrunden Orbit. Dies ist sofern interessant, da die meisten extrasolaren Planeten auf extrem engen oder gar unregelmäßigen Bahnen kreisen. Auch die Umlaufperiode von sechs Jahren und der Abstand des Planeten zu HD 70642, was drei Fünftel der Entfernung Sonne-Jupiter entspricht, weckt Assoziationen an unser Sonnensystem.

Herausgefunden haben dies Astronomen mit dem Anglo-Australian Telescope in Südostaustralien durch ein leichtes „Wackeln" des sonnenähnlichen Sterns HD 70642.

COROT-7b

Dieses Sonnensystem liegt 490 Lichtjahre von uns entfernt und der Stern gehört zum Spektraltyp G9V. Der Planet kreist mit 2,5 Mio. km dabei so dicht um seinen Zentralstern TYC 4799-1733-1 (23 Mal näher als Merkur in unserem Sonnensystem), dass er gebunden rotiert, also stets die gleiche Seite dem Stern zeigt. Auf der Tagseite herrschen deswegen Temperaturen von über 2000 °C, während auf der Nachtseite die Werte auf −200 °C fallen können. Die Rotationsperiode ist dabei sehr kurz, sogar so kurz, dass ein Jahr auf diesem Planeten schneller vergeht als ein Tag bei uns. Doch dies ist noch nicht das Interessanteste, da viele Exoplaneten gebunden rotieren. COROT-7b (Abb. 8.8) besitzt außerdem nur eine Masse von 4,8 Erdmassen und mit einer mittleren Dichte von 5,6 Gramm pro Kubikzentimeter fast den identischen Wert unserer Erde. Es ist ferner möglich, dass die eine Planetenhälfte aus geschmolzenem Gestein und die andere Seite aus Eis besteht, sofern genügend Kometen in der Frühgeschichte des Planeten Wasser geliefert haben.[7,8]

Forscher simulierten die heiße Atmosphäre des Planeten und demnach hat COROT-7b seine gewöhnlichen Atmosphärenbestandteile wie Wasserstoff und Stickstoff verloren, doch könnte es auf ihm Wolken aus Natrium- und Kaliumdampf geben, wie sie auch schon auf dem Jupitermond Io beobachtet wurden, und eventuell sogar Kieselsteine regnen.[9]

COROT-7b wurde vom Weltraumteleskop COROT durch die Transitmethode im Jahr 2009 entdeckt und monatelang mit dem HARPS-Spektrografen der ESO, der zum 3,6-Meter-Teleskop des La Silla Observatory in Chile gehört, untersucht. Dabei wurde auch noch eine weitere Super-Erde, die folglich die Bezeichnung COROT-7c trägt, entdeckt – mit einem etwas größeren Abstand. Dieser Planet besitzt die achtfache Masse der Erde und ist etwas weiter vom Stern entfernt, braucht aber für einen Umlauf um diesen aber auch nur drei Tage und 17 h. Es handelt sich wahrscheinlich um einen Gesteinsplaneten.

HD 10180

Der 127 Lichtjahre entfernte sonnenähnliche Stern HD 10180 beherbergt mindestens fünf Planeten mit Massen zwischen 13 und 25 Erdmassen, wie Astronomen mit dem HARPS-Instrument der ESO herausgefunden haben. Außerdem gibt es noch Hinweise auf zwei weitere Planeten, von denen einer

---

[7] Quetz (2009, S. 27–28).
[8] http://www.esa.int/esaCP/SEM7G6XPXPF_Expanding_0.html (21.02.2013).
[9] http://de.arxiv.org/abs/0906.1204 (21.02.2013).

Abb. 8.8 Künstlerische Darstellung von COROT-7b: © ESO/L. Calcada

mindestens 65 Erdmassen besitzt und 2200 Tage für einen Umlauf benötigt, während der andere Planet erdähnlich sein könnte und nur 1,18 Tage für einen Rotation um den Stern benötigt. Mit der vermuteten Masse von 1,4 Erdmassen wäre dieser Planet sogar verblüffend unserer Heimatwelt ähnlich und sollten sich die Hinweise verdichten, wäre dieser Planet sogar einer der erdähnlichsten Planeten, die bisher entdeckt wurden. Damit könnte dieses Sonnensystem im Sternbild Kleine Wasserschlange ein naher Verwandter unseres eigenen Sonnensystems sein.[10]

55 Cancri

55 Cancri ist ein Doppelsternsystem, in dem beide Sterne aber mehr als 1000 AU auseinanderliegen. 55 Cancri A wird von fünf Planeten umkreist und der äußerste Gasgigant ist gerade einmal 6 AU vom Stern entfernt. Da sich die Planeten wahrscheinlich nicht weiter entfernt als 10 AU vom Stern geformt haben, wie mir Debra Fisher erzählte, waren sie vor den gravitativen Einflüssen des zweiten Sterns geschützt. Von einem der Planeten aus betrachtet, würde der zweite Stern wie ein intensiver Punkt aus Licht erscheinen, kleiner aber heller als die Venus von der Erde aus.

---

[10] http://www.eso.org/public/news/eso1035/ (31.08.2010).

Aber dies ist nicht das einzige Beispiel für Planeten in einem Doppelsternsystem. Es wurden schon Planeten in Systemen entdeckt, in denen beide Sterne nur 20 bis 30 AU auseinanderlagen, und deswegen scheint der Planetenformungsprozess auch wesentlich robuster zu sein, als man lange Zeit dachte.

TW Hydrae

Der Stern TW Hydrae ist wenige Millionen Jahre jung und noch von einer protoplanetaren Scheibe aus Gas und Staub umgeben, dennoch wurde mit der Doppler-Methode hier ein etwa zehn Jupitermassen schwerer Planet 0,04 AU vom Stern entfernt entdeckt. Doch aufgrund des geringen Alters ist die Bestimmung eines Planeten mit der Radialgeschwindigkeitsmethode sehr fehleranfällig, da junge Sterne sehr turbulent sind und teilweise auch viele Flecken haben, welche die Ergebnisse verfälschen können.

Flecken

Ein großer Fleck, der mit dem Stern rotiert, kann bei Beobachtungen mit der Dopplermethode ein ähnliches Signal wie ein umlaufender Planet erzeugen. Ein dunkler Fleck ist ein kühleres Gebiet auf der Sternoberfläche, das einen Teil des Sternenspektrums verschlucken kann, der dann in den auf der Erde empfangenen Daten fehlt, und es deshalb so aussieht, als ob sich der Stern bewegt.[11]

Geisterfahrer unter den Planeten

Eigentlich glaubten wir zu wissen, dass die Rotationsrichtung des Sterns auch die Umlaufrichtung der Planeten vorgibt, schließlich haben die Planeten ihren Drehsinn von der protoplanetaren Scheibe, aus der sie entstanden sind, und die dreht sich in die gleiche Richtung wie der Stern. Doch entdeckte man gleich sechs Exoplaneten, die unserem Verständnis widersprechen und sich jedem bekannten Entstehungsmodell widersetzen, weil sie auf retrograden Orbits kreisen (Abb. 8.9).

Zunächst wurden diese Planeten beim Wide Angle Search for Planets (WASP) entdeckt und später auch mit dem HARPS Spektrografen des 3,6-Meter-Teleskop der ESO am La Silla Observatory in Chile und weiteren Teleskopen untersucht.

---

[11] Klahr und Henning (2009, S. 32–41).

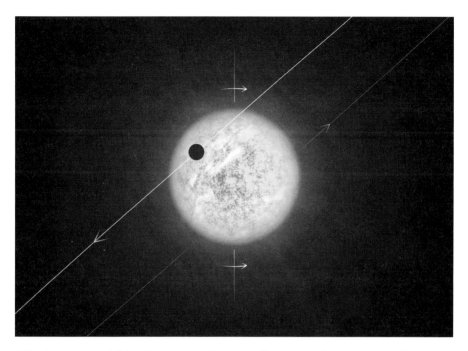

Abb. 8.9 Unglaublich aber wahr: Planeten, die gegen die Rotationsrichtung des Sterns kreisen. © ESO/L. Calçada

Ferner glaubten wir zu wissen, dass alle Planeten auf einer Ebene nahe dem Äquator des Sterns kreisen, doch auch dies stellte sich als Trugschluss heraus, denn als man 27 Hot Jupiter näher untersuchte, stellte man fest, dass fast die Hälfte der Planetenbahnen stark gegen die Rotationsrichtung des Sterns geneigt ist.

Ursache für diese Anomalie könnte das Vorbeiziehen eines massereichen Objektes in der Vergangenheit gewesen sein, wodurch die Bahnen der Planeten, womöglich schon bei deren Entstehungsprozess, gehörig durcheinandergebracht wurden. Doch ist dies nur eine von vielen Möglichkeiten und noch weitere Untersuchungen sind nötig, um eine endgültige Erklärung zu erhalten.

Was ist mit Planeten in unserer Nähe?

Im Umkreis von zehn Lichtjahren gibt es nur elf Sonnensysteme und auch wenn der ein oder andere Begleiter entdeckt wurde, waren dies für gewöhnlich keine Planeten, sondern entweder kleine Sterne, wie Rote oder Weiße Zwerge, oder aber verhinderte Sterne, wie Braune Zwerge. Lediglich unser nächste Nachbar in 4,3 Lichtjahren, das Dreifachsternsystem Alpha Centauri, hat wie bereits erwähnt wahrscheinlich einen Planeten. Dann folgt der

Stern mit der größten Eigenbewegung am Himmel, Barnards Pfeilstern, mit etwa 5,9 Lichtjahren, und der hellste Stern am Nachthimmel, Sirius, mit 8,6 Lichtjahren. Wobei Sirius ebenfalls ein Mehrfachsternsystem ist, bestehend aus einem Stern, der doppelt so groß wie unsere Sonne ist, und dem nah gelegensten Weißen Zwerg. Jener verblüffte bei seiner Entdeckung die Fachwelt, da bereits Friedrich Wilhelm Bessel (1784–1846) die Schlingerbewegung von Sirius A entdeckte und daraus auf einen Begleiter schloss, der von Alvan Graham Clark (1832–1897) entdeckt wurde. Sirius B ist aber nicht nur deutlich kleiner und dunkler als Sirius A, sondern auch, wie man 1915 durch eine Analyse des Spektrums herausfand, wesentlich heißer, weshalb man auf einem Weißen Zwerg schloss. Doch anders als oft behauptet ist Sirius B nicht der erste Weiße Zwerg, der entdeckt wurde, denn bereits fünf Jahre zuvor entdeckte man im 16,5 Lichtjahre entferntem Dreifachsternsystem 40 Eridani, dass 40 Eridani B ein Weißer Zwerg ist.

Wie viele Planetensysteme gibt es?

Dass die neuen Entdeckungen auf dem Gebiet der extrasolaren Planeten außergewöhnlich, aber nicht einzigartig sind, lassen aktuelle Hochrechnungen über die Anzahl der Sterne im sichtbaren Bereich des Universums vermuten. Denn nach Berechnungen von Wissenschaftlern der Australian National University befinden sich nicht weniger als 70 Trilliarden Sterne am Himmel, auch wenn man mit bloßem Auge nur etwa 5400 davon sehen kann.

Viele dieser Sterne besitzen nach Aussage von Simon Driver, einem der verantwortlichen Wissenschaftler bei diesem Projekt, Planetensysteme. Auch wenn nur auf einem Bruchteil dieser Planeten Leben entstehen könnte, ist die Zahl der restlichen noch riesig, sodass Wissenschaftler guten Mutes weiter nach einer zweiten Erde suchen.

Literatur

Irwin, P.G.J.: Detection methods and properties of known exoplanets. In: Exoplanets, S. 11. Springer, Heidelberg (2008)

Klahr, H., Henning, T.: Aufregende neue Planetenwelten. Sterne und Weltraum 48, 32–41 (2009)

Quetz, A.M.: Zwei Super-Erden bei COROT-7. In: Zeitschrift Suw 12, 27–28 (2009)

9
Zukünftige Entwicklungen

To boldy go where no one has gone before.

Aus dem Intro von Star Trek TNG

Leider kommt es immer wieder vor, dass interessante Missionen zunächst bewilligt, jedoch nach einiger Zeit eingestellt werden oder für längere Zeit regelrecht in der Luft hängen. Bedauerlicherweise traf dies auch ein Projekt, über das in der vorherigen Version des Buches noch berichtet wurde. So wurde die SIM Lite Mission mittlerweile offiziell eingestellt, und eine Wiederbelebung ist nicht in Sicht.

Deswegen ist es möglich, dass nicht alle der hier vorgestellten Missionen so auch tatsächlich realisiert werden. Dennoch zeigen diese Missionen was technisch möglich ist, und es kommt auch vor, dass eine eigentlich eingestellte Mission in einer modifizierten Fassung wieder zum Leben erweckt wird.

Gaia

Die europäische Gaia-Mission (Abb. 9.1) ist ein ambitioniertes Projekt, bei dem eine dreidimensionale Karte unserer Galaxis erstellt werden soll. Dazu wird der Satellit sehr präzise Radialgeschwindigkeitsmessungen durchführen und exakt die Bewegung eines Sterns um das Zentrum der Galaxis vermessen. Außerdem werden obendrein auch Zehntausende von möglichen extrasolaren Planeten durch astrometrische Messungen aufgespürt werden, sofern diese sich innerhalb von 200 Parsec (etwa 650 Lichtjahre) befinden.

Ferner wird Gaia in der Lage sein, rund ein Prozent der Sterne (etwa eine Milliarde Sterne) der Milchstraße mit einem Multifarben-Fotometer zu analysieren, um so Informationen über die chemische Zusammensetzung und Dynamik von Sternen zu bekommen. Diese Mission wandert somit auf den Spuren der sehr erfolgreichen Hipparcos-Mission, die vom Namen her sowohl den antiken griechischen Astronomen ehren sollte, als auch für **Hi**gh **Par**allax **Co**llecting **S**atellite stand, nur wird dieses Mal der Haupt-

Abb. 9.1   Künstlerische Darstellung des Gaia-Satelliten. © ESA/IP AOES

spiegel von Gaia die 30-fache Lichtmenge sammeln, und die aufgezeichneten Daten werden 200 Mal so genau sein. Bei der Hipparcos-Mission wurden zwar über hunderttausend Sterne im Zeitraum von 1989 bis 1993 akkurat vermessen und die Daten von weiteren zwei Millionen Sternen mit etwas geringerer Präzision für den Tycho-Katalog aufgezeichnet. Doch wo Hipparcos noch auf Fotokathoden setzte und immer nur Daten von einem einzelnen Objekt aufgezeichnet werden konnten, setzt Gaia auf moderne CCDs und dank der Weitwinkeltechnik können zahlreiche himmlische Objekte gleichzeitig aufgezeichnet werden. Dadurch entsteht aber ein ganz anderes Problem und zwar die Datenmenge. Während der Missionsdauer wird Gaia eine Datenmenge ansammeln, die über 30 000 CD ROMs entspricht.

Die Gaia-Mission wurde im Oktober 2000 genehmigt und Gaia stand ursprünglich für *Global Astrometric Interferometer for Astrophysics*. Doch ist diese Bezeichnung inzwischen irreführend, da die heutige Gaia-Mission die Astrometrie, die Fotometrie und die Spektrometrie miteinander vereint. Dazu trägt Gaia im Nutzlastmodul ein einzelnes Instrument, das alle drei Funktionen bietet. Es besteht aus zwei Teleskopen, die jeweils aus drei Spiegeln bestehen aber eine gemeinsame Fokalebene benutzen, die wiederum 106 CCDs enthält. Es handelt sich um die größte geplante Digitalkamera, die ins All geschickt werden soll. Die CCDs werden wie schon bei der Kepler-Mission von der britischen Firma E2V hergestellt und viele Elemente bestehen aus Siliziumkarbid, einer Verbindung aus Silizium und Kohlenstoff, die für ihre hohe Festigkeit und geringen thermischen Ausdehnungskoeffizienten bekannt ist.

Neben Tausenden von extrasolaren Planeten soll diese Mission auch zahlreiche Braune Zwerge aufspüren und somit das Rätsel um die sogenannte „The Brown Dwarf desert“ lösen, denn bisher gibt es einen Mangel an Braunen Zwergen. Ferner wird Gaia sogar Asteroiden und eisige Körper im äußeren Bereich unseres Sonnensystems entdecken und diese Mission könnte auch einen wichtigen Beitrag zur Erforschung von entfernten Supernovae oder gar Quasaren liefern.

Gestartet werden soll die Gaia-Mission im November 2013 mit einer russischen Soyuz-Fregat-Rakete und auf den zweiten Lagrange-Punkt, 1,5 Mio. km von der Erde entfernt, ausgesetzt werden. Diese speziellen Punkte sind nach Joseph Louis Lagrange (1736–1813) benannt, welcher zuerst entdeckte, dass es in einem orbitalen System aus zwei Körpern fünf Punkte gibt, wo sich die gegenseitigen Anziehungskräfte ausgleichen. Um diesen Orbit halten zu können, muss Gaia jeden Monat kleinere Manöver durchführen und neben Gaia soll auch das JWST zu diesem Punkt gebracht werden. Während der fünfjährigen Mission wird der Satellit jeden Zielstern über 70 Mal untersuchen und dabei sowohl die Position als auch die Distanz, die Bewegung und die Änderungen in der Helligkeit festhalten.

James Webb Space Telescope

Das James-Webb-Weltraumteleskop (Abb. 9.2) ist ein auf den Infrarotbereich optimiertes Teleskop, das eingeschränkt auch im optischen Bereich des elektromagnetischen Spektrums arbeiten kann. Es handelt sich um den Nachfolger des Hubble-Weltraumteleskops mit einem 2,7-mal so großen Spiegeldurchmesser. Mit diesem Teleskop sollte es möglich sein, die ersten Galaxien zu beobachten, die sich geformt haben und auch durch Staubwolken in der Milchstraße zu schauen, um Planetensysteme bei deren Entwicklung zu beobachten (Abb. 9.3).

JWST wird einen 6,5-Meter-Spiegel und einen Sonnenschild von der Größe eines Tennisplatzes haben und somit das größte Infrarotteleskop aller Zeiten sein. Da es keine Rakete gibt, die das JWST so ins All bringen könnte, ist das Teleskop beim Start zusammengefaltet und wird sich erst im Orbit auf seine volle Größe entfalten. Die Umlaufbahn des Teleskops wird etwa 1,5 Mio. km von der Erde entfernt, auf dem zweiten Lagrange-Punkt, liegen, wo sich die Anziehungskräfte der Sonne und der Erde gegenseitig aufheben. Ein Nachteil ist aber, dass anders als beim Hubble keine Servicemissionen durchgeführt

Abb. 9.2   Künstlerische Darstellung des James Webb Space Telescope. © NASA

werden können, da kein vorhandenes oder für die nächste Dekade geplantes Raumfahrzeug Astronauten soweit hinausbringen könnte. Auch das Teleskop braucht drei Monate, um den gewählten Punkt zu erreichen. Ferner wird das Teleskop, wie jedes Infrarotteleskop, nur eine Betriebstemperatur von unter 50 K haben, und einige Instrumente müssen sogar noch weiter heruntergekühlt werden.

Der Hauptspiegel des JWST besteht nicht aus einem einzelnen Spiegel, sondern aus 18 sechseckigen extrem leichten Beryllium-Segmenten. Mit 625 kg wiegt der Spiegel nur etwa halb so viel wie der aus festem Glas gefertigte Hauptspiegel des Hubble. Auch wenn die Beryllium-Segmente ein klarer technischer Fortschritt sind, waren zunächst nicht alle Forscher von der Idee überzeugt, da befürchtet wurde, dass der Hauptspiegel sich durch die

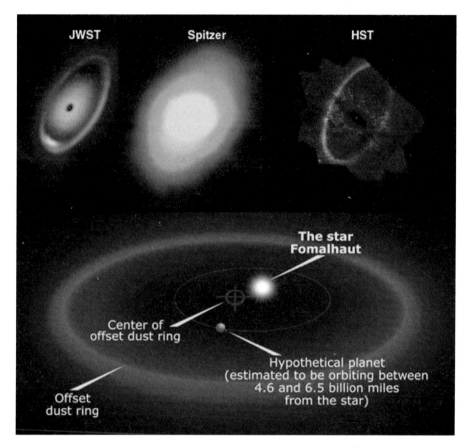

Abb. 9.3 Das Bild zeigt einen Vergleich der Auflösung zwischen dem James-Webb- dem Spitzer- und dem Hubble- Weltraumteleskop. © NASA

auftretenden Kräfte beim Start der Rakete leicht verändern würde. Deswegen wurden im Vorfeld Technologiedemonstrationen durchgeführt, um zu zeigen, dass der Hauptspiegel des James Webb die Startphase unbeschadet überstehen wird und zudem auch eine Gefährdung durch Mikrometeoriten ausgeschlossen werden kann.

Das James Webb wird eine Winkelauflösung von 0,1 Bogensekunden bei einer Wellenlänge von 2 µm (naher Infrarotbereich) haben und könnte somit einen Fußball in 550 km Entfernung sehen. Es wird ferner in der Lage sein, Planeten von der Größe Jupiters in unserer Nachbarschaft direkt abzulichten und kann auch noch kleinere Planeten entdecken, sofern diese sehr jung sind und von der Entstehungsphase noch glühen. Deswegen besitzt das Teleskop auch coronagrafische Eigenschaften, um das Licht eines Sterns auszublenden. Und mit 32 Mio. Pixeln pro Bild, doppelt so viele wie Hubble, warten viele schöne Bilder auf Astronomiefans auf der ganzen Welt.

Zunächst war das JWST als Next Generation Space Telescope (NGST) bekannt. Es wurde aber im September 2002 nach dem ehemaligen NASA Administrator James Webb umbenannt, der die amerikanische Raumfahrtbehörde zu Beginn des Apollo-Projektes leitete. Das Teleskop sollte ursprünglich von der kalifornischen Firma TRW gebaut werden, doch wurde diese Firma inzwischen vom Northrop Grumman Konzern aufgekauft, der nun auch der Hauptvertragspartner für die Entwicklung ist, während Ball Aerospace für das Optical Telescope Element (OTE) und das Goddard Space Flight Center der NASA für die Integration der Instrumente verantwortlich sind.

Neben der NASA sind auch die europäische Raumfahrtbehörde ESA und die Canadian Space Agency (CSA) an der Mission beteiligt. Gestartet werden soll das James-Webb-Weltraumteleskop im Jahr 2014 mit einer europäischen Ariane 5 ECA.

Die Instrumente des JWST Die *Near Infrared Camera* (NIRCam) wurde von der University of Arizona entwickelt und ist ein Imager mit einem großen Sichtfeld und einer hohen Winkelauflösung und gleichzeitig auch ein Wellenfrontsensor. Die NIRCam deckt den Bereich von 0,6 bis 5 µm ab und hat zehn Detektorenreihen aus Quecksilber-Kadmium-Tellurid (HgCdTe). Diese ähneln CCDs wie man sie auch in einer herkömmlichen Digitalkamera findet und haben 2048×2048 Pixel.

Der *Near InfraRed Spectrograph* (NIRSpec) ist ein Spektrograf, der das Licht der Sterne in seine Bestandteile zerlegt und analysiert und wird von der ESA geliefert. Somit lassen sich aufgrund der chemischen Fingerabdrücke Rückschlüsse auf die physikalischen Eigenschaften wie die Temperatur, die Masse oder die chemische Zusammensetzung ziehen.

Viele der Elemente, die das James-Webb-Teleskop untersuchen soll, sind dabei so dunkel und so weit entfernt, dass selbst mit diesem Teleskop und seinem großen Hauptspiegel Hunderte Stunden von Beobachtungszeit notwendig sind, um genügend Licht zu sammeln, um das Spektrum auswerten zu können. Um während der mindestens fünfjährigen Missionsdauer Tausende Objekte studieren zu können, kann das James Webb deshalb bis zu 100 Objekte gleichzeitig beobachten.

Um diese multiplen Beobachtungen durchführen zu können, entwickelten die Forscher ein spezielles „Microshutter"-System, um das einfallende Licht zu steuern. Die Zellen sind dabei nur 100 mal 200 µm groß, was in etwa so breit ist wie drei menschliche Haare. Sie haben eine Klappe, die sich öffnet und schließt, wenn ein magnetisches Feld angelegt wird. Jede der 62 000 Zellen kann einzeln gesteuert werden und dies ermöglicht dem Instrument die simultane Beobachtung mehrerer Objekte gleichzeitig, wobei das Licht dunkler Objekte eingefangen werden kann, da hellere Objekte gezielt ausgeblendet werden können. Das gesamte Gitter ist dabei in etwa so groß wie eine Briefmarke.

Das *Mid-Infrared Instrument* (MIRI) ist ein Imager/Spektrograf für Wellenlängen zwischen 5 und 27 μm, der spektroskopisch auch den Bereich bis zu 29 μm abdeckt. MIRI hat drei arsendotierte Siliziumdetektoren und diese haben mit 1024 × 1024 Pixeln nur eine halb so große Auflösung wie die Detektoren des nahen Infrarotbereichs. Das Kameramodul liefert Breitbandbilder, während das Spektrografenmodul weniger hoch aufgelöste Bilder als der Imager liefert. Die Betriebstemperatur des Instruments beträgt 7 K. Da man eine solche Kühlung nicht mit einem passiven Kühlsystem hinbekommen kann, gibt es stattdessen zwei Prozesse, um dies zu erreichen. Ein Vorkühler bringt das Instrument auf 18 K, und ein Joule-Thomson Kreislaufkühlsystem sorgt dann dafür, dass man die 7 K erreicht.

Der *Fine Guidance Sensor* ist eine Breitbandkamera, die in das kryogenische System eingebunden ist. Der Sensor dient sowohl zum Suchen eines Leitsterns als auch der Feinjustierung. Er arbeitet in einer Wellenlängenreichweite von 1 bis 5 μm und hat zwei HgCdTe-Detektorenreihen.

Die *Fine Guidance Sensor Tunable Filter Camera* ist eine Schmalbandkamera mit einem Wellenlängenbereich von 1,6 bis 4,9 μm, mit einer Lücke zwischen 2,6 und 3,1 μm. Die Kamera hat eine einzelne HgCdTe-Detektorreihe und wird wie der *Fine Guidance Sensor* von der kanadischen Raumfahrtbehörde entwickelt.

PLATO – PLAnetary Transits and Oscillations of stars (2015–2025)

PLATO ist ein längerfristiges Projekt der europäischen Raumfahrtagentur ESA und gehört zum Cosmic Vision 2015–2025 Programm. Die Ziele dieser Mission sind es vor allem terrestrische Planeten in der lebensfreundlichen Zone und somit Ziele für eine detaillierte Spektroskopie der Atmosphäre aufzuspüren. Darüber hinaus wird PLATO die Werte für die Masse eines Planeten und des Alters einen Sterns wesentlich genauer bestimmen können, als mit den gegenwärtigen Teleskopen. Die genaue Masse eines Exoplaneten zu kennen hat den Vorteil, dass man Rückschlüsse auf das innere des Planeten ableiten kann.

Momentan gibt es noch zwei unterschiedliche Konzepte. Zum einen ein „staring" Konzept bei dem 100 kleinere Teleskope auf einer einzelnen Plattform zusammengefügt sind und dabei ein Blickfeld von 26° haben oder ein „spinning" Konzept bei dem drei mittelgroße Teleskope mehr als 1400 Quadratgrad abdecken.

Abb. 9.4 Künstlerische Darstellung des Terrestrial Planet Finders – Interferometers.
© NASA

Terrestrial Planet Finder (ab 2020)

Momentan gibt es zwei sich ergänzende Konzepte des Terrestrial Planet Finders (Abb. 9.4), doch leider steht das Schicksal dieser interessanten Mission buchstäblich in den Sternen, denn aufgrund von finanziellen Problemen bei der NASA wird, wenn überhaupt, diese Mission erst ab 2020 realisiert. Ursprünglich sollte das Projekt bereits 2014 einsatzbereit sein und nur im sichtbaren Licht des elektromagnetischen Spektrums operieren. Ziel ist es aber nach wie vor, nach einer zweiten Erde zu suchen, und dies mit der 100-fachen Bildpower des Hubble-Weltraumteleskops.

Im April 2004 entschied sich die NASA zwei unterschiedliche Konzepte zu unterstützen und dies wurde auch vom US-Kongress genehmigt. Zum einen soll der TPF aus einem im sichtbaren Bereich des elektromagnetischen Spektrums operierenden Coronagraphen (TPF-C) und zum anderen aus mehreren Teleskopen (TPF-I) bestehen, die dank der Interferometrie als ein großes Teleskop zusammengeschaltet werden können und im mittleren Infrarotbereich arbeiten. Hiermit sollten die 500 nächsten Sterne nach erdähnlichen Planeten abgesucht werden. Doch durch den Budgetbericht der NASA im Jahr 2007 wurde diese Mission auf unbestimmte Zeit verschoben und bis heute gibt es kein genaues Startdatum für diese Mission.

Die TPF-C-Mission soll aus einem einzelnen Teleskop bestehen, das einen Durchmesser von 6,5 bis 8 m haben soll und bei Raumtemperatur arbeitet. Während die Infrarotteleskope nur einen Durchmesser von 3 bis 4 m haben und jeweils etwa 40 m auseinanderliegen sollen, um so ein einzelnes Teleskop von mehreren Hundert Metern zu simulieren. Wie alle Infrarotteleskope müssten auch diese sehr weit heruntergekühlt werden, auf etwa 40 K, doch haben Infrarotteleskope andererseits den Vorteil, dass es bei ihnen wesentlich einfacher ist, ein gutes Kontrastverhältnis zu erreichen.

Eine der spannendsten Fragen der heutigen Wissenschaft ist die, ob es auf anderen Planeten Leben gibt – und der TPF könnte hierauf eine Antwort geben, indem er das reflektierte Sonnenlicht oder das thermisch emittierte Licht eines Planeten einfängt und analysiert. Zwar würde es unsere gegenwärtigen technischen Möglichkeiten noch übersteigen, grüne Wiesen oder blaue Ozeane auf fremden Welten direkt abzulichten, aber auf die Frage, ob ein Planet Leben beherbergen kann, können wir heute schon eine Antwort geben. Doch leider können bisher nur die 30 nächsten Sterne vollständig und weitere 80 Sterne teilweise nach Biosignaturen untersucht werden.[1]

Die Suche nach lebensfreundlichen Planeten und außerirdischen Lebensformen basiert auf der Prämisse, dass die Effekte der meisten Lebensformen auf einem Planeten global vorhanden sind und dass die Beweise für Leben, auch Biosignaturen genannt, im Spektrum der Atmosphäre oder Oberfläche auftauchen.

Ein Problem ist das sogenannte „dead end" des Coronagraphen, das durch den Durchmesser der Trägerrakete bestimmt wird und hier wurde leider die Entwicklung der vielversprechendste Rakete, die Ares V, eingestellt. Sie hätte durch ihre gigantischen Ausmaße wahrlich für eine Revolution bei Weltraumteleskopen sorgen können. Doch beim Einsatz eines Coronagraphen muss man sich auch mit der Beugung des Lichts an den Kanten des Teleskops auseinandersetzen. Selbst bei einem einfachen runden Teleskop macht sich die Diffraktion in einer Reihe konzentrischer Ringe bemerkbar, die einen hellen Punkt in der Mitte verursachen. Um einen umkreisenden Planeten zu entdecken, werden deshalb nicht nur das Sonnenlicht, sondern auch die konzentrischen Ringe ausgeblendet.

Dies ist aber nicht allzu schwierig. Wesentlich kritischer ist da schon der Wellenfrontsensor. Dieser muss zum Beispiel die Fehler in der Optik korrigieren, die sonst das Licht zerstreuen und das Kontrastverhältnis vermindern würden.

Um den inneren Fehler auszugleichen, muss der TPF ferner auch auf die aktive Optik zurückgreifen, wie sie z. B. auch beim Keck Observatory oder

---

[1] Fridlund und Kaltenegger (2008, S. 67).

anderen erdgebunden Teleskopen eingesetzt wird, hier allerdings um die Wellenverzerrungen der Erdatmosphäre auszugleichen.

ATLAST – Advanced Technology Large-Aperture Space Telescope (2025–2035)

Das Advanced Technology Large-Aperture Space Telescope (ATLAST) ist ein vom Space Telescope Science Institute geplantes Weltraumteleskop mit einem Spiegeldurchmesser von 8–16,8 m. Momentan gibt es noch zwei unterschiedliche Konzepte, die aber ein ähnliches optisches Design haben, das vom UV-Bereich bis zum nahen Infrarotbereich reicht. Geplant ist eine 5–10 Mal so gute Winkelauflösung wie beim James-Webb-Weltraumteleskop und eine Empfindlichkeit welche 2000 Mal über der des Hubble-Weltraumteleskops liegt.[2]

ATLAST wird zudem in der Lage sein Biosignaturen wie molekularen Sauerstoff, Ozon und Methan in der Atmosphäre von terrestrischen Exoplaneten in der Milchstraße aufzuspüren und könnte somit eine Antwort auf die Frage geben, ob wir allein sind im Universum.

Literatur

Fridlund, M., Kaltenegger, L.: Mission requirements: How to search for extrasolar planets. In: Extrasolar planets, S. 67. Wiley VCH, Weinheim (2008)

---

[2] http://www.stsci.edu/institute/atlast (04.03.2013).

10
Leben im Universum

Der Mensch ist eine Marionette der Natur, die wahrnimmt und denkt
und sich törichterweise einbildet, jemand zu sein.

Siddhartha Gautama (5. Jahrhundert v. Chr.)

Das Leben auf der Erde

Die Erde entstand vor ungefähr 4,6 Mrd. Jahren aus einer dichten Staub-
und Gasscheibe, wie die Sonne und die anderen Planeten des Sonnensystems
auch, da sich frei schwebende Teilchen und Gase, die Überreste der ersten Generation von Sternen nach dem Urknall, die in gewaltigen Supernovae explo-
dierten, im Weltall im Laufe von Jahrmillionen zu einer Wolke verdichtet haben und diese schließlich durch ihre eigene Schwerkraft kollabierte. Hieraus
bildete sich ein Sternengebilde mit einer Rotationsscheibe (Abb. 10.1), aus
der die Planeten und Asteroiden unseres Sonnensystems hervorgegangen sind
und von der sie auch ihren Drehimpuls haben. Wobei nach Auffassung von
Mike E. Brown vom Caltech, einem der Entdecker von zahlreichen Trans-
Neptun-Objekten wie Quaoar, Sedna und Orcus, nicht auszuschließen ist,
dass diese protoplanetare Scheibe zweigeteilt war und aus der äußeren Scheibe
die Objekte des Kuiper-Gürtels hervorgegangen sind. Ähnliche geteilte Scheiben wurden auch um andere Sterne beobachtet wie zum Beispiel um den
Stern 51 Ophiuchi.[1] Da der Äquatordurchmesser durch die Rotation um die
eigene Achse größer ist als der Poldurchmesser, ist die Erde ein sogenannter
Rotationsellipsoid.

Vor etwa 3,8 Mrd. Jahren wurde unser Blauer Planet bewohnbar, wie Fos-
silienfunde im ältesten Sedimentgestein zeigen.[2] Zu diesem Zeitpunkt hatte
sich unser Planet von seiner heißen Entstehungsgeschichte abgekühlt und das
kosmische Bombardement aus Asteroiden und Kometen ging zurück, das in
der Anfangszeit ein Segen war und unseren Planeten mit Metallen, Wasser

---

[1] http://keckobservatory.org/index.php/news/KIN_2009/ (10.06.2010).
[2] Horneck (S. 6).

Abb. 10.1   Künstlerische Darstellung einer protoplanetaren Scheibe. © NASA/JPL-Caltech/T. Pyle (SSC)

und komplexen Molekülen belieferte. Heute sehen wir die Sache naturgemäß etwas anders, da schon ein relativ kleiner Brocken ein Großteil allen Lebens auf der Erde auslöschen könnte.

Aufgrund der kurzen Zeitspanne, in der sich das Leben auf unserem Planeten entwickelt hat, gewinnt die Theorie, dass das Leben auf der Erde Starthilfe aus dem All bekommen hat, immer mehr Befürworter, denn die Zufuhr von Aminosäuren, Nucleobasen, Chinonen, amphiphilen Kettenmolekülen und anderen organischen Elementen könnte die Entwicklung irdischen Lebens massiv beschleunigt haben. Zumal auch die Proteine, die Grundbausteine einer Zelle, aus einer Kette von Aminosäuren bestehen.[3,4]

Die Bedingungen sahen zu diesem Zeitpunkt aber noch ganz anders aus als heute. Die junge Sonne strahlte nur mit 70 % ihrer Leuchtkraft, die Erde rotierte in nur 15 h einmal um ihre Achse und der Mond war der jungen Erde noch sehr viel näher und erzeugte gewaltige Gezeitenkräfte. Es gab keine schützende Ozonschicht und auch keinen Sauerstoff in der Atmosphäre,

---

[3] Bernstein et al. (S. 35).
[4] Bernstein et al. (S. 32).

diesen verdanken wir erst den Cyanobakterien, die sich vor 3,5 Mrd. Jahren bildeten und die Sauerstoff als Abfallprodukt bei der Fotosynthese ausscheiden. Diesen prokaryotischen Organismen, d. h., ihre Erbsubstanz ist nicht im Kern lokalisiert, sondern schwimmt mehr oder weniger im Cytoplasma, einer dickflüssigen Substanz aus Proteinen, Vitaminen, Aminosäuren und weiteren Elementen, verdanken wir also sehr viel. Zumal deren Arbeit in der anaeroben Welt das erste Massensterben auf unserem Planeten ausgelöst hat, da Sauerstoff für die meisten Mikroorganismen tödlich war und diese sich anpassen oder weichen mussten und deshalb heute nur noch in Nischen existieren. Die Uratmosphäre hingegen bestand aus Kohlendioxid und Stickstoff und war der Atmosphäre des Saturnmonds Titan nicht unähnlich.[5,6,7]

Nach den Bakterien bildeten sich die Archaea, dazu gehören neben Methan bildenden Organismen vor allem extremophile Mikroorganismen, die auch in kochendem Wasser leben können. Später entwickelten sich auch die Eukaryoten, komplexere Organismen wie Pflanzen und letztendlich auch Menschen, welche einen Zellkern und eine Zellmembran besitzen. Die Archaea ähneln dabei in vielerlei Hinsicht den Eukaryoten, in ihrem Stoffwechsel gleichen sie aber mehr den Bakterien.[8]

Die Bakterien sind aber nicht nur die ältesten Bewohner, sondern kein anderes Lebewesen hat das Antlitz der Erde stärker verändert und sich ähnlich stark verbreitet. Selbst in unseren Körpern gibt es mehr Bakterien als menschliche Zellen, von denen die überwältigende Mehrheit sehr nützlich für uns ist, und nur ein ganz kleiner Teil ein Risiko für uns darstellt. Ferner existieren sie selbst heute noch in jeder Umgebung, von den Tiefen der Ozeane, über die eisbedeckte Antarktis bis hin zu den Wüsten dieser Welt. Dabei können sie von vielen Substanzen wie Zucker oder Eisen leben und selbst eine große Strahlendosis überleben und auch Temperaturen von über 95 °C Celsius aushalten, wie z. B. das Bakterium *Aquifex pyrophilus*. Darüber hinaus kommen wir in den Bereich der Archaeen, wo der momentan bekannte Rekordhalter das 2003 entdeckte *Strain 121* ist, das sich auch bei einer Temperatur von 121 °C noch teilen kann und selbst 130 °C überlebt.[9]

Leben ist dadurch geprägt, das selbst in einfachsten Bakterien hochkomplexe Prozesse ablaufen, doch ist die Definition von „Leben" alles andere als einfach. Die NASA definiert Leben so: *„ein sich selbst unterhaltendes chemisches System, welches fähig ist, eine Evolution im Sinne Darwins durchzuführen."*[10] Oder anders gesagt: Leben beruht auf komplexen chemischen Prozessen, es

[5] Gottschalk (2009, S. 9).
[6] Meissner (2004, S. 102–103).
[7] Röhrlich (2008, S. 15).
[8] Gottschalk (2009, S. 22–23).
[9] http://www.newscientist.com/article/dn4058 (22.01.2010).
[10] Geiger (2005, S. 22).

nutzt eine Energiequelle und kann sich durch die natürliche Selektion zu immer komplexeren Organismen weiterentwickeln. Diese Definition bedeutet aber auch, dass ein Bakterium eindeutig ein Lebewesen ist, ein Virus hingegen nicht.[11] Viren sind nämlich nicht nur wesentlich kleiner, sondern auch bedeutend einfacher aufgebaut als Bakterien und kommen mit nur ein paar Genen aus und, entscheidend für die NASA-Definition, Viren brauchen eine Wirtszelle, um sich fortzupflanzen.

In den frühen 1950er Jahren wurde an der University of Chicago ein Experiment durchgeführt, das nachhaltig für Aufsehen sorgte. Der Doktorand Stanley Miller bewies, unter Betreuung von Harold C. Urey, der bereits 1934 für die Entdeckung des Deuteriums den Nobelpreis für Chemie bekommen hatte, dass Aminosäuren, die Grundbausteine des Lebens, sich wesentlich einfacher bildeten als gedacht. Beim sogenannten Miller-Urey-Experiment brauten die Forscher die Ursuppe zusammen, indem sie Methan, Ammoniak, Wasserstoff und Wasser in ein geschlossenes System von Glaskolben und Rohren injizierten – diese Elemente kamen alle auch auf der jungen Erde vor – und sie benutzten elektrische Funken, um Blitze zu simulieren. Das Ergebnis war ein brauner Schlamm an den Wänden ihrer Kammer. Als sie den Schlamm untersuchten, was in den 1950ern bei Weitem noch nicht so einfach war wie heute, entdeckten sie, dass sich organische Materialen und einige Aminosäuren gebildet hatten. Urey soll seinen Studenten sogar dazu gedrängt haben, die Ergebnisse schnell zu veröffentlichen und Mitte Februar 1953 ging die Arbeit beim Wissenschaftsmagazin Science ein. Nun passierte etwas nicht Alltägliches im Wissenschaftsbetrieb, Nobelpreisträger Urey zog seinen Namen zurück, damit sein Student den vollen Ruhm ernten konnte.[12] Carl Sagan war von dem Experiment sehr angetan. Seiner Meinung nach hat kein anderes Experiment die Wissenschaft mehr davon überzeugt, dass Leben reichlich im Kosmos vorkommt, und schätzte 1974 die Anzahl außerirdischer Zivilisationen auf bis zu eine Million.[13] Doch gibt es ein Konzentrationsproblem. Wenn sich die ersten Verbindungen in einem kleinen Tümpel gebildet haben, waren diese von elektrischen Entladungen und der UV-Strahlung stark beeinträchtigt und womöglich auch zerstört worden. In einem großen Ozean hingegen wären die ersten Verbindungen davor gefeit gewesen, doch ist es hier viel unwahrscheinlicher, dass die organischen Moleküle überhaupt die Chance hatten sich zu verbinden, da zu viel Wasser dies verhindert hätte. Ein Rätsel, das die Natur gelöst hat – denn sonst könnten sie nicht dieses Buch lesen –, auch wenn uns bis heute noch nicht klar ist, wie und wo.

---

[11] Gottschalk (2009, S. 9).
[12] Röhrlich (2008, S. 88–89).
[13] Kaku (2008, S. 172).

Panspermientheorie oder kam das Leben aus dem All?

Die Panspermientheorie ist umstritten,[14] da bisher nur auf der Erde Leben entdeckt wurde. Sie geht zurück auf den schwedischen Chemiker und Nobelpreisträger A. Arrhenius (1859–1927), der davon überzeugt war, dass der Strahlungsdruck der Sterne imstande sei, winzige Lebenskeime von belebten Himmelskörpern wegzuwehen, und sich diese somit im All verbreiten. Doch schon der aus Kleinasien stammende Gelehrte Anaxagoras (499–428 v. Chr.) vertrat die Auffassung, dass das Universum aus einer unendlichen Anzahl von Samen bestand und in Kontakt mit der jungen Erde hieraus Leben entstand. Er war es, der den Begriff Panspermie prägte.[15]

Später wurde diese Idee vom britischen Astronomen Fred Hoyle (1915–2001), der auch für seine Begriffsprägung des „Big Bang" für das expandierende Universum bekannt ist (obwohl er diesen Begriff spöttisch meinte und die Theorie strikt ablehnte), zusammen mit seinem Doktoranden Chandra Wickramasinghe weiterentwickelt. Sie vertraten die Auffassung, dass Viren mit Kometen reisen und so die Ausbreitung von Leben in einem Sonnensystem beschleunigen. In einem berühmten und viel zitierten Satz vertrat Hoyle die Auffassung, dass das zufällige Entstehen der einfachsten Lebewesen auf der Erde in etwa so wahrscheinlich ist, wie das Entstehen einer flugbereiten Boeing 747, nachdem ein Tornado über einen Schrottplatz gezogen ist. Auch der Nobelpreisträger Francis Crick (1916–2004), der zusammen mit James Watson die Molekularstruktur der Desoxyribonukleinsäure (DNA) entdeckte, war ein Anhänger der Panspermientheorie und vertrat in seinem Buch „*Life itself*" sogar die Auffassung, dass höher entwickelte Außerirdische gezielt Lebenskeime in vielversprechende Sonnensysteme schicken könnten.[16] Diese Idee wurde auch in der Star Trek TNG Episode „Das fehlende Fragment" aufgegriffen.

Kometen haben aber in jedem Fall eine wichtige Rolle bei der Entstehung des Lebens auf der Erde gespielt. In der Frühzeit unseres Planeten fügten diese „dreckigen Schneebälle" der Erde nicht nur Wasser, sondern auch organische Moleküle hinzu, die sich in kalten interstellaren Wolken gebildet hatten. Ferner trugen sie dazu bei, dass sich die kohlendioxidreiche Uratmosphäre gebildet hat. Aber nicht nur ein Kometeneinschlag kann einem Planeten die Grundbausteine des Lebens hinzufügen. Wenn sich ein Komet nämlich in Sonnennähe befindet, verdampft ein Teil seiner Oberfläche durch die intensive Strahlung und dabei werden auch Teilchen fortgerissen, die den interplane-

---

[14] Bernstein et al. (S. 33).
[15] Thoms (2005, S. 8).
[16] Röhrlich (2008, S. 121).

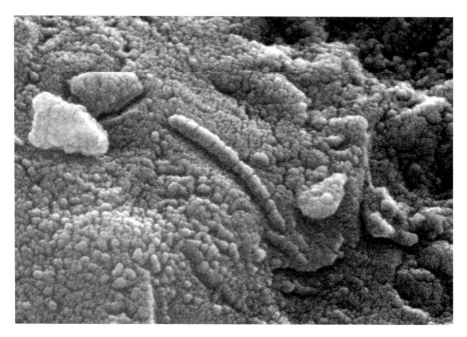

Abb. 10.2 Diese Aufnahme von einem möglichen antiken Marsbewohner im Meteoriten ALH 84001 sorgte 1996 für Furore. © NASA

taren Staub anreichern. Dieser Staub verteilt sich im gesamten Sonnensystem und täglich gelangen Dutzende Tonnen dieser kosmischen Krümel auch zur Erde und dieses Material ist sehr reich an organischen Verbindungen, wie Untersuchungen gezeigt haben.[17]

Auch der Asteroidengürtel beherbergt Objekte, die reich an organischen Materialen sind. Zwar bestehen die Asteroiden vornehmlich aus Gestein und Metallen, dennoch wurden schon acht der 20 für das Entstehen von Leben wichtigsten Aminosäuren hier nachgewiesen. Ferner besitzen diese Eigenschaften, die auch bei dem Leben auf der Erde aus bisher unbekannten Gründen vorkommen, denn irdische Lebensformen besitzen fast nur linkshändige Aminosäuren und bei Meteoriten aus unserem Sonnensystem besitzen diese ein leichtes Übergewicht.[18]

Eine interessante Frage ist, ob Mikroorganismen von der Erde zum Mars gelangt sind, oder ob das irdische Leben gar marsianischen Ursprungs ist. Bisher wurden über 20 Meteorite auf der Erde gefunden, die zweifelsohne vom Roten Planeten stammen, da ihre isotopische Zusammensetzung typisch für die Marsatmosphäre ist. Im Jahr 1996 ging die NASA mit einer Sensation an die Öffentlichkeit, denn im Marsmeteoriten ALH 84001 wurden Spuren einstigen Lebens nachgewiesen (Abb. 10.2), wobei andere Wissenschaftler

---

[17] Bernstein et al. (S. 28–31).
[18] Bernstein et al. (S. 32).

diese Entdeckung anzweifeln und nicht davon überzeugt sind, dass der Mars jemals Leben hervorgebracht hat.[19]

Wenn ein größerer Asteroid auf einen Planeten einschlägt, werden so größere Mengen Gesteins hochgeschleudert, und falls diese Brocken Fluchtgeschwindigkeit erreichen, können diese das Gravitationsfeld des Planeten verlassen und durch das All reisen, bis sie von einem anderen Planeten eingefangen werden. Dabei übersteht das organische Material sogar die heiße Phase des Eintritts in die Atmosphäre eines Planeten, wie Forschungen am Lawrence Berkeley National Laboratory gezeigt haben.[20]

Aber viele Wissenschaftler sind auch der Meinung, dass es einfachere Möglichkeiten für die Entstehung von Leben auf einem Planeten gibt, als dass „Sporen" von einem anderen Planeten allen Widrigkeiten einer Weltraumreise trotzen und einen unbelebten Planeten zum Erblühen bringen.

Doch wie die Surveyor-3-Sonde, deren Kamera von den Astronauten der Apollo-12-Mission geborgen wurde, zeigte, können Bakterien vom Typ Streptokokken, die durch einen erkälteten Techniker versehentlich die Kamera kontaminierten, auch das wasserlose, eiskalte Vakuum des Weltalls jahrelang überleben. Bakterien könnten somit als blinder Passagier auf einem Felsen mitreisen und einen zuvor leblosen Planeten bevölkern, allerdings haben Experimente gezeigt, dass eine dünne Staubschicht, welche die Bakterien vor der gefährlichen UV-Strahlung schützt, vorteilhaft ist, damit die Bakterien längere Zeit im All überleben können. Seit diesem Vorfall ist die unabsichtliche Kontaminierung von irdischen Sonden aber ins Bewusstsein gerückt und deshalb wurde etwa die Galileo-Sonde der NASA zum Ende der Mission hin sicherheitshalber auf Kollisionskurs mit dem Planeten Jupiter geschickt, als zu riskieren, dass diese Sonde den Jupitermond Europa mit irdischen Mikroben infizieren könnte.

Die wichtigsten Kriterien für Leben

Nach den bisherigen Erkenntnissen scheint es für mikrobaktrielles Leben nur drei Bedingungen zu geben, nämlich flüssiges Wasser, die chemischen Basisbausteine und eine Energiequelle. Für die meisten Organismen ist dies das Sonnenlicht, denn Pflanzen bauen mittels Fotosynthese Moleküle auf, und alle folgenden Glieder der Nahrungskette leben davon. Genauer gesagt absorbiert bei der Fotosynthese das Chlorophyll (Blattgrün) die roten Anteile des Lichts, es werden elektrische Ladungen getrennt, wodurch eine Spannung

---

[19] Sagan (1996, S. 254–255).
[20] Röhrlich (2008, S. 127).

entsteht, die ermöglicht, dass das aus der Luft stammende Kohlendioxid und das notwendige Wasser zu Zucker und Sauerstoff umgewandelt werden.[21]

Doch auch auf der Erde gibt es Lebewesen, die eine andere Energieform nutzen. Etwa in der Umgebung der „Black Smoker" in den Tiefen des Meeres, wo sich die Organismen die heißen vulkanischen Quellen am Meeresboden zunutze machen und Teil eines einzigartigen Ökosystems sind mit einer ausgeklügelten Nahrungskette, wo blinde Schlotgarnelen Mikroben fressen oder Muscheln mit diesen in Symbiose leben. Entdeckt wurden sie 1977 bei einer Expedition des US-Forschungsschiffes *Knarr* vor den Galapagos-Inseln, die Teil des Mittelozeanischen Rückens sind, wo die Plattentektonik der Erde stets die Erdkruste aufreißt und heiße Lava aus dem Erdinneren aufsteigt und neuen Meeresboden formt. Die Entdeckung war eine kaum für möglich gehaltene Sensation. Mehrere Tausend Meter tief, wo mehr als 350 °C heißes Wasser (der Aggregatzustand von Wasser ist abhängig vom Druck – und dieser ist in der Tiefsee hoch) auf nur wenige Grad kaltes Wasser trifft, wimmelte es vor Leben. Grundlagen für diesen Artenreichtum sind Mikroben, die sich vom Schwefel ernähren und das vollkommen unabhängig vom Sonnenlicht und der damit verbundenen Fotosynthese.[22]

Heute diskutieren Wissenschaftler ernsthaft, ob der Ursprung des Lebens nicht hier liegen könnte, denn unter den extremen Druck- und Temperaturverhältnissen könnten Kohlenmonoxid, Kohlendioxid und Wasserstoff miteinander reagieren und somit eine Grundlage für das irdische Leben bilden.[23]

Auch im Erdinneren gibt es Bakterien, die sich kilometertief eingenistet haben und sich vom Gestein ernähren. Diese „Steinfresser" greifen dabei unter anderem auf Eisen- oder Manganverbindungen als Energielieferanten zurück – wenn Bakterien aus anorganischen Materialen organische Verbindungen aufbauen, nennt man das Chemosynthese.[24,25]

Eine besondere Gruppe hingegen sind die sogenannten „Extremophilen", die zu den hyperthermophilen Archaeen gehören. Diese leben unter extremen Bedingungen und können wie bereits erwähnt auch Temperaturen von über 95 °C aushalten und sich weiter vermehren, verlieren aber meistens diese Fähigkeit bei Temperaturen unter 80 °C. Ferner existieren sie auch in extrem salzigen und auch hochalkalischen Gewässern wie dem Mono Lake, aber auch im Toten Meer oder den Geysiren des Yellowstone-Nationalparks. Doch gibt es auch viele Arten, die keinen Sauerstoff vertragen, da ihre Cytoplasmamembran eine andere Zusammensetzung hat als etwa bei den Bakterien.

---

[21] Thoms (2005, S. 101–102).
[22] Röhrlich (2008, S. 95–98).
[23] Thoms (2005, S. 86).
[24] Horneck (S. 7).
[25] Fredrickson und Onstott (S. 16–21).

Egal ob in der Tiefsee oder dem Tiefengestein, auf der Oberfläche, in der Luft oder selbst in heißen Thermalquellen: Mikroorganismen scheinen sich auf unserem Planeten überall wohl zu fühlen. Selbst ohne Sauerstoff, Kohlenstoffnachschub oder Sonnenlicht können sie existieren.

Aber warum ist flüssiges Wasser so wichtig?

Planetenjäger sind besonders aufgeregt, wenn sie einen Planeten in der sogenannten „Goldlöckchen-Zone" finden, der Zone, wo der Abstand zum Stern genau richtig ist, damit die Temperaturen flüssiges Wasser erlauben.

Wasser wird deshalb als universelles Kriterium angesehen, da zum einen alle uns bekannten Lebewesen zu etwa 70 bis 90 % aus Wasser bestehen und zum anderen ist das Wassermolekül auch ein wichtiger Faktor, um den Stoffwechsel aufrecht zu erhalten und die dreidimensionale Struktur der Biomoleküle zu unterstützen. Ferner ist kein anderes uns bekanntes Lösungsmittel ähnlich gut dafür geeignet, als Medium für die notwendigen chemischen Reaktionen zu dienen. Es ist die ideale Ursuppe, in der sich auch komplexe Moleküle entwickeln können. Außerdem ist Wasser ein einfaches Molekül, das im ganzen Universum zu finden ist, während andere Lösemittel eher selten auftreten. Ferner haben andere Lösungsmittel noch andere Nachteile, so ist Ammoniak nur zwischen − 77 °C und − 33 °C flüssig und ein hieraus bestehendes Wesen hätte große Probleme seinen Energiebedarf zu decken, zumal seine Zellwände und Membranen ganz anders aufgebaut sein müssten, und ferner würden alle chemischen Reaktionen bei so kalten Temperaturen langsamer ablaufen, weshalb auch die Evolution eines solchen Wesens im Schneckentempo ablaufen würde.[26,27,28]

Zu viel Wasser könnte die Entstehung höheren Lebens aber auch behindern. Computersimulationen haben gezeigt, dass Super-Erden auch vollkommen von Wasser umhüllt sein könnten, da diese eine stärkere Gravitationskraft aufweisen würden und somit wesentlich flacher wären. Dies wäre zwar für bakterielles, nicht aber für intelligentes Leben günstig, denn ein Feuer anzuzünden würde unter diesen Umständen schwierig werden. Ohne Feuer könnte man aber auch keine Metalle einschmelzen, Werkzeuge herstellen oder Essen kochen, weshalb viele Zivilisationsschritte, die die Menschheit in ihrer Geschichte durchgemacht hat und die letztendlich zum *Homo sapiens* führten, nicht möglich wären.

---

[26] Horneck (S. 7).
[27] Kaku (2008, S. 169–171).
[28] Röhrlich (2008, S. 160–161).

Abb. 10.3 Künstlerische Darstellung eines jungen, hypothetischen Planeten um einen kühlen Stern. © NASA/JPL-Caltech/T. Pyle (SSC)

Grundbausteine des Lebens

Neben den erwähnten Aminosäuren spielen die Nukleotide, die Grundbausteine der Nukleinsäuren RNA und DNA, für das Leben auf der Erde eine entscheidende Rolle. Alle Lebensformen, die wir kennen, bestehen zu großen Teilen aus Kohlenstoffelementen und dies ist kein Zufall, denn Kohlenstoff besitzt die Fähigkeit, sich an vier andere Atome zu binden und kann somit Moleküle ungeheurer Komplexität erzeugen. Und lange Molekülketten sind wichtig, um Informationen zu speichern. Dabei kommen alle Lebewesen der Erde lediglich mit einer Handvoll kohlenstoffbasierter Moleküle aus. So arbeiten RNA und DNA mit Ribose und Desoxyribose, zwei Zuckerarten mit je 5 Kohlenstoffatomen. Wobei es auch noch andere Zuckerarten mit drei bis acht Kohlenstoffatomen auf der Erde gibt und sich an diese Kohlenstoffatome auch noch Sauerstoff- und Wasserstoffatome anheften.[29]

Es könnte aber auch Leben auf Basis anderer Stoffe des Periodensystems der Elemente geben, und hier ist einer der Favoriten das Silizium, insbesondere in kälteren Umgebungen (Abb. 10.3). Spätestens seit der Star Trek TOS Episode

---

[29] Ebenda (S. 130–131).

„Horta rettet ihre Kinder" ist die Idee von siliziumbasierten Leben auch einer breiten Öffentlichkeit bekannt, und diese Episode beschäftigte sich auch mit der Frage, ob wir überhaupt in der Lage wären, außerirdisches Leben als solches zu erkennen, wenn es nicht auf Kohlenstoff aufgebaut ist?

Silizium hat ähnliche chemische Eigenschaften wie Kohlenstoff, so kann es zum Beispiel auch vier Wasserstoffatome an sich binden, und kommt auch auf der Erde reichlich vor. Es ist sogar für die irdische Fauna und Flora ein wichtiges Element und die Zellhülle der Kieselalge besteht sogar überwiegend aus Siliziumoxid.[30] Doch sind sich die meisten Forscher, darunter auch Seth Shostak vom SETI Institute, darin einig, dass Leben auf Siliziumbasis, wenn überhaupt, keine dominierende Rolle spielt, da Kohlenstoff im Universum reichlich vorkommt und es einfach das Molekül erster Wahl ist.

Höheres Leben

Anders sieht es für weiterentwickeltes Leben aus. Hier gibt es für die höherentwickelten vielzelligen Tiere zahlreiche weitere Bedingungen, seien es nun Neumünder (Säugetiere, Amphibien, Reptilien) oder Urmünder (z. B. Insekten oder Spinnen).

Es scheint hierfür eine kritische Untergrenze von einem Drittel Erdmasse und eine Obergrenze von 10 Erdmassen zu geben, da ein kleinerer Planet nicht in der Lage wäre, eine Atmosphäre zu halten, und ein größerer Planet sehr wahrscheinlich keine feste Oberfläche hätte, und es sich somit um einen Gasplaneten handeln würde.

Ein weiteres Kriterium ist das Vorhandensein einer Plattentektonik. Diese sorgt dafür, dass Kohlendioxid, aber auch Methan und Wasserdampf, aus dem Erdinneren aufsteigen, die durch Vulkane entweichen und so helfen die Temperatur der Erde global gesehen in den Plusgraden zu halten. Denn die Atmosphäre der Erde ist viel wärmer als die oberste Wolkenschicht, und man spricht deshalb auch von einem natürlichen Treibhauseffekt. Dieser ist für uns extrem wichtig und erhöht deutlich die Lebensqualität, da er verhindert, dass die Erde ein eisiger Schneeball ist. Deswegen ist es auch so bedeutend, dass er nicht durch die Einwirkung des Menschen aus dem Gleichgewicht gebracht wird, da ansonsten die nächste Eiszeit oder gar eine Erwärmung auf uns wartet. Angetrieben wird dieser Prozess durch den radioaktiven Zerfall im Erdinneren.

Auch die Mantelkonvektion, das Umwälzen des Erdmantels, was ein Recyclingprozess ist, der zum Beispiel unsere Rohstoffe erneuert, gehört zusammen mit der Plattentektonik und dies hat weitreichende Folgen. Wenn man

---

[30] Ebenda (S. 164).

nämlich die Venus, die keine Plattentektonik besitzt, mit der Erde vergleicht, fällt auf, dass die Manteltemperatur in der Venus viel wärmer ist als bei uns. Dies liegt daran, dass der Erdmantel, anders als bei der Venus, große Wasseranteile besitzt, welche die Mantelkonvektion hervorrufen und somit die Temperaturen im Erdinneren so gestalten, dass es einen festen inneren und einen flüssigen äußeren Kern gibt. Aus diesem Grund besitzt die Erde auch einen aktiven magnetischen Dynamo, wie mir Helmut Lammer von der Österreichischen Akademie der Wissenschaften erklärte.

Außerdem sagte er mir, dass wir bei der Venus vermuten, dass der Planet kurz nach der Entstehung sein Wasser, wahrscheinlich aufgrund der Klimabedingungen, verloren hat. Falls es zu Beginn Plattentektonik gab, kam diese zum Erliegen. Somit kann die Hitze nicht wie bei der Erde über die Mantelkonvektion reguliert werden, und aus diesem Grund hat die Venus keinen festen sondern nur einen flüssigen inneren Kern und auch keinen aktiven magnetischen Dynamo und somit kein Magnetfeld. Dies ist aber wichtig um Lebewesen an der Oberfläche vor der zellschädigenden kosmischen Strahlung zu schützen. Ferner bilden sich durch „Hot Spots" Super-Vulkane, über die die Lava aus dem Inneren entweichen kann. Diese Super-Vulkane können die ganze Planetenoberfläche vernichten. Das letzte Großereignis dieser Art ereignete sich vor ca. 700 Mio. Jahren und hat die ganze Venusoberfläche erneuert. Erdähnliche Planeten, bei denen es keine Plattentektonik gibt, werden also früher oder später unter gewaltigen Vulkanausbrüchen leiden und dies beeinträchtigt natürlich auch mögliches Leben.

Mond

Der Erdmond stabilisiert bei unserem Planeten die Achse und bremst auch seine Rotationsgeschwindigkeit. Ohne ihn würde die Erde vermutlich, ähnlich wie der Mars, taumeln, was auf der Erde wohl verstärkt zu extremen Wetterbedingungen führen würde. Doch dafür braucht es einen Mond im richtigen Abstand mit der richtigen Masse und Größe. Die beiden Marsmonde Phobos und Deimos zum Beispiel sind hierfür viel zu klein, während der Jupitermond Ganymed, der fast so groß ist wie der Planet Mars, für einen erdähnlichen Planeten schon wieder zu groß ist.[31] Leider entfernt sich der Mond von der Erde, dies sind zwar nur wenige Zentimeter pro Jahr, doch in zwei Milliarden Jahren wird er zu weit von uns entfernt sein, um noch einen Einfluss auf unseren Planeten zu haben.

---

[31] Ward und Brownlee (2004, S. 222).

Jupiterähnlicher Planet

Computersimulationen und die Tatsache, dass Jupiter 1994 und 2009 mehrmals von den Fragmenten eines Kometen getroffen wurde, zeigen, dass ohne den Riesenplaneten Jupiter, der mit seinen gewaltigen Gravitationskräften Kleinkörper wie Asteroiden oder Kometen einfängt oder ganz aus dem Sonnensystem schleudert, verheerende Einschläge auf der Erde wesentlich häufiger vorkommen würden. Asteroiden und Kometen sind nämlich eine ständige Gefahr für das Leben, da durch Kollisionen untereinander oder durch die Gravitationskräfte eines massereichen Objektes diese Geschosse auf einen Kollisionskurs mit einem Planeten gehen können. Aufgrund der hohen kinetischen Energie können diese gewaltige Zerstörungen anrichten, die bis zu einem „nuklearen Winter" reichen, bei der eine Aschewolken einen ganzen Planeten jahrelang vom Sonnenlicht abschneiden könnte. Deswegen ist ein jupiterähnlicher Planet ein wichtiges Kriterium, damit sich auf einem geeigneten Planeten oder Mond höheres Leben entwickeln kann. Denn andernfalls müsste das Leben auf einer Welt immer wieder vernichtende Rückschläge verkraften, und es ist zweifelhaft, dass sich unter diesen Umständen höheres Leben entwickeln könnte.

Aber auch für die Dynamik eines Sonnensystems kann ein Riesenplanet wichtig sein, da dieser die Umlaufbahnen anderer Planeten stabilisieren kann, sofern dieser eine günstige Position im Sonnensystem besitzt. Wäre Jupiter hingegen näher an der Sonne entstanden oder aus irgendeinem Grund ins innere Sonnensystem gewandert, würde Leben auf der Erde unmöglich werden, da unser Planet entweder von ihm aus der Bahn, und so möglicherweise in die Sonne gestürzt, oder gar aus dem Sonnensystem geworfen worden wäre. Andererseits wiederum könnte ein jupiterähnlicher Planet in der habitablen Zone aber die Entstehung von Leben auf einem seiner Monde begünstigen, wie es zum Beispiel in James Cameron fiktivem Meisterwerk „Avatar" der Fall war. Rein theoretisch wäre es sogar möglich, dass sich ein jupiterähnlicher Planet und ein kleiner Planet eine Umlaufbahn teilen, wenn letzterer sich auf einem der Lagrange-Punkte (L4 oder L5) befindet.[32]

Das Wetter auf extrasolaren Planeten und wie der Stern die Lebensfreundlichkeit eines Planeten bestimmt

Die Wetterbedingungen auf einem Planeten spielen eine entscheidende Rolle für die Lebensfreundlichkeit einer Welt. Diese hängt für die Planetenoberfläche vornehmlich von der Zusammensetzung der Atmosphäre und der Entfernung zum Stern, und damit von der absorbierten Wärmestrahlung, ab, doch

---

[32] Dvorak und Pilat-Lohinger (2008, S. 29).

wird die Temperatur der Atmosphäre maßgeblich von der atmosphärischen Zirkulation beeinflusst, wie mir Adam Showman von der University of Arizona erklärte, der die Wetterbedingungen auf extrasolaren Planeten erforscht. Denn die atmosphärische Zirkulation kontrolliert die Temperaturdifferenz zwischen Äquator und Pol oder, auf einer Welt mit einer gebundenen Rotation, zwischen Tag- und Nachtseite.

Bei einer gebundenen Rotation kann es auch vorkommen, dass die zum Stern gewandte Seite extrem heiß und permanent hell ist, während auf der gegenüberliegenden Seite eisige Temperaturen und ewige Dunkelheit herrschen. Diese große Temperaturdifferenz kann von den planetaren Winden nicht einfach ausgeglichen werden. Somit ist ein Planet mit einer gebundenen Rotation ein Sonderfall. Dennoch könnte sich in einem schmalen Streifen zwischen diesen Extrembedingungen eine Nische befinden, wo höhere Lebewesen entstehen könnten, während die anderen Bereiche wohl nur für Mikroorganismen geeignet wären. Anders ist dies bei einem Planeten, der etwas weiter vom Stern entfernt ist. Ein gutes Beispiel hierfür ist der Planet Venus, die nur langsam rotiert (ein Venustag dauert 117 Erdentage). Auf ihr herrscht zwar durch einen sich selbst verstärkenden Treibhauseffekt eine Bruthitze, aber die Unterschiede zwischen Tag- und Nachtseite sind gering, da die planetaren Winde die Temperaturunterschiede ausgleichen.

Ferner hängt auch die Wolkenbildung vom Wetter ab und damit auch das Albedo. Ohne weiße Wolken würde die Erde wesentlich wärmer sein, da weniger solare Wärmestrahlung reflektiert werden würde. Und je wärmer eine Atmosphäre ist, desto schwieriger wird es für einen kleinen Planeten oder Mond seine Atmosphäre zu behalten, da mit steigender Temperatur auch die Bewegungsgeschwindigkeit der Gaspartikel zunimmt. Dies ist einer von zwei Gründen, warum der Saturnmond Titan seine dichte Atmosphäre behalten kann, da er weit von der Sonne entfernt ist und somit die Temperaturen auf ihm sehr kalt sind. Der andere Grund ist seine relativ große Masse.

Das Wetter beeinflusst auch die Breitengradverteilung von Regenfällen und damit ganze Ökosysteme. Auf der Erde herrschen ausgiebige Regenfälle vor allem in Äquatornähe, wohingegen zwischen dem 20. und 30. Breitengrad ein Mangel herrscht. Deswegen verfügen die Länder in Äquatornähe über tropische Regenwälder, während Länder zwischen den besagten Breitengraden vornehmlich Wüsten besitzen.

Außerdem spielen für die Lebensfreundlichkeit einer Welt auch das Alter und der Spektraltyp des Sterns eine Rolle. Dies ist deswegen wichtig, da Sterne mit zunehmendem Alter immer heißer werden und eines Tages wird auch unsere Sonne Leben auf der Erde unmöglich machen. Ab einer Oberflächentemperatur von 80 °C und darüber hinaus, ist wohl nur extremophiles Leben möglich. Und wenn bei einem Planeten von Beginn an so hohe Temperaturen herrschen würden, hätte sich bei solchen Startbedingungen sehr wahrscheinlich kein höheres Leben entwickeln können.

Eine interessante Frage ist, wie nicht bakterielles Leben aussehen könnte, wenn von Anfang an nur Minusgrade herrschen. Zwar gibt es einzellige Pilze (Hefen) wie das *Rhodotorula glutinis,* das auch bei – 18 °C wächst, doch höhere Lebewesen, die auf das universelle Lösungsmittel Wasser aufgebaut sind, hätten zumindest unter für uns normalen Druckbedingungen keine Chance sich zu entwickeln und dies, obwohl hoch konzentriertes Salzwasser, wie es zum Beispiel im Toten Meer vorkommt, erst bei – 21 °C gefriert, doch wäre eine hohe Salzkonzentration alles andere als förderlich für das Entstehen von Leben. Deswegen bräuchte es hier andere Lösungsmittel wie das bereits erwähnte Ammoniak.

Platz in der Galaxis

Aber nicht nur der Abstand zur Sonne ist wichtig, sondern auch der Platz in der Milchstraße. Würde unser Sonnensystem näher am galaktischen Zentrum liegen, würde die stellare Strahlung Leben auf der Erde unmöglich machen. Dies liegt daran, dass nahe dem Zentrum einer Galaxis ältere, sehr massereiche Sterne sehr viel häufiger vorkommen, die dazu neigen, in einer Supernova Typ II zu explodieren, und die Abstände zwischen den Sternen sind hier auch sehr viel geringer. So könnten andere Sterne verheerende Auswirkungen haben, da diese Asteroiden aus einem Asteroidengürtel oder Kometen aus den äußeren Regionen eines Sonnensystems ins innere Sonnensystem lenken, wo nun mal die lebensfreundlichen erdähnlichen Planeten liegen. Ferner sind Sternenkollisionen oder Beinahe-Sternkollisionen nahe dem galaktischen Zentrum nichts Ungewöhnliches, weshalb ein erdähnlicher Planet auch aus seinem Sonnensystem herauskatapultiert werden könnte.

Würde es hingegen zu weit außen liegen, würde es vermutlich nicht genügend höhere Elemente geben, um Proteine und DNA-Stränge herzustellen, auch kommen hier die Elemente um einen terrestrischen, d. h. felsigen Planeten zu bilden, weit weniger häufig vor. Deshalb gibt es nicht nur um einen Stern eine lebensfreundliche Zone, sondern auch in einer Galaxis.

Was ist mit intelligentem Leben?

Um diese Frage zu beantworten, müssen wir uns erst damit beschäftigen, was „Intelligenz" ist und auch hier dient das Leben auf der Erde als Referenz. Haustierhalter wissen, wie intelligent ihr Schützling ist, aber auch immer mehr Wissenschaftler sind über intelligentes Verhalten bei Tieren verblüfft.

Tintenfische, genauer gesagt Ader-Oktopusse (*Amphioctopus marginatus*) wurden 2009 vor der Küste Indonesiens beim Sammeln von weggeworfenen Kokosnussschalen, um daraus ein Versteck zu bauen, von australischen Forschern beobachtet und gefilmt, wie diese im Fachjournal „Current Biology" berichteten. Bis dato wurde das Verwenden von Werkzeugen nur von Säugetieren und Vögeln beobachtet nicht aber bei wirbellosen Tieren. Doch schon im Jahr 2007 berichtete die neuseeländische Zeitung „Hawke's Bay Today" über die Tintenfischdame „Octi", die gelernt hatte, innerhalb von zweieinhalb Minuten Flaschen aufzudrehen.

Japanische Forscher beobachteten Krähen dabei, wie sie Nüsse auf die Straßen fallen ließen, damit diese von Autos zerquetscht wurden, und die Vögel an das Innere herankamen. Die Krähen ließen die Nüsse aber nicht irgendwo auf die Straße fallen, sondern gezielt auf Zebrastreifen, da sie wussten, dass die Autos hiervor hielten, wenn Menschen darüber liefen, und sie so gefahrlos die Leckereien aufpicken konnten. Aber auch Schimpansen haben einen besonderen Trick, um Nüsse zu knacken. Sie benutzen seit mindestens 4300 Jahren Steinwerkzeuge, wie Forscher der University of Calgary und des Max-Planck-Instituts für evolutionäre Anthropologie bei Untersuchungen an der westafrikanischen Elfenbeinküste herausgefunden haben. Da auch die heutige Generation diesen Trick noch anwendet, muss dieses Verhalten über Generationen weitergegeben worden sein.[33]

Neuseeländische Forscher veröffentlichten 2010 im Fachblatt „Proceeding of the Royal Society B: Biological Sciences" einen Artikel, wonach Geradschnabelkrähen (*Corvus moneduloides*) auch komplizierte Aufgaben mithilfe von Werkzeugen lösen und dabei auch ein überraschendes Abstraktionsvermögen an den Tag legen können. Zwar war aus vorherigen Studien bekannt, dass sich diese Vögel aus verschiedenen Materialien Werkzeuge basteln, um etwa Maden in Baumritzen aufzuspießen, und dass sie auch Werkzeuge modifizieren können, nicht aber dass sie eine ganze Reihe von abstrakten Problemen lösen können, um an ihr Futter heranzukommen.

Dies eröffnet eine interessante Diskussion, denn aufgrund der nahen Verwandtschaft, nur 1,23 % der Gene sind unterschiedlich,[34] vieler ähnlicher Verhaltensmuster wie z. B. das Trauern um Tote, das Lachen, das Lügen, die Fähigkeit zum partiellen Erlernen der Taubstummensprache[35] sowie der Tatsache das Schimpansen für Menschen Blut spenden können und des Fakts, dass Menschen und Affen vor fünf bis sechs Millionen Jahren noch einen gemeinsamen Vorfahren hatten,[36] wurde das „Great Ape Project" (GAP) ge-

---

[33] http://www.planet-wissen.de/natur_technik/tierisches/intelligenz_bei_tieren/index.jsp (22.01.2010).
[34] http://www.greatapeproject.org/en-US/oprojetogap/Missao (22.01.2010).
[35] Nakott (S. 38–69).
[36] Leakey und Walker (S. 19).

startet. 2006 hat sich das spanische Parlament mit der Frage beschäftigt, ob Menschenaffen (Schimpansen, Gorillas, Bonobos und Orang-Utans) auch gewisse Grundrechte, wie das Recht auf Leben, zustehen. Bereits zuvor hatte Neuseeland dieses Anliegen unterstützt. Doch löste dieser Vorstoß in Spanien eine kontroverse Diskussion aus, wobei insbesondere die katholische Kirche, die größte spanische Tageszeitung El País und auch Amnesty International große Bedenken anmeldeten.

Dabei ist diese Diskussion keineswegs neu, am 14. Februar 1747 schrieb der berühmte Botaniker Carl Linnaeus in einen Brief an einen anderen Forscher: *„Ich frage Sie und die ganze Welt nach einem Gattungsunterschied zwischen dem Menschen und dem Affen, d. h. wie ihn die Grundsätze der Naturgeschichte fordern. Ich kenne wahrlich keinen und wünschte mir, dass jemand mir nur einen einzigen nennen möchte. Hätte ich den Menschen einen Affen genannt oder umgekehrt, so hätte ich sämtliche Theologen hinter mir her; nach kunstgerechter Methode hätte ich es wohl eigentlich gemusst."*[37]

Wenn wir intelligentes Leben danach beurteilen Probleme zu lösen oder Zusammenhänge zu erkennen, so gibt es auch auf unserer Welt genügend Beispiele für Intelligenz und die ersten Lebewesen mit Nervenzellen entstanden bereits vor etwa 600 Mio. Jahren.[38] Doch heißt dies noch nicht, dass man sich mit der Theorie der Quantenmechanik beschäftigt oder Raumfahrt betreibt – wenn dies unsere Definition von Intelligenz ist, dürfte diese wie auf der Erde auch im Universum eher die Ausnahme als die Regel sein, zumal es verschiedene Intelligenztheorien und bis heute unterschiedliche Auffassungen darüber gibt, warum der moderne Mensch Sprache, Musik und Religion entwickelt hat. Auch ist bisher völlig unklar, warum der *Homo sapiens* als einziger aus der Gattung *Homo* überlebt hat, während z. B. der *Neandertaler*, der aufgrund seiner kulturellen Hinterlassenschaften (Benutzung von Werkzeugen, das Begraben von Toten usw.) dem modernen Menschen als ebenbürtig gilt und zu mindestens 99,7 % die gleichen Gene hatte, vor 30 000 Jahren ausgestorben ist. Zwar wurde lange Zeit ein mehr tierisches als menschliches Bild von ihm gezeichnet, doch dank der modernen Forschung und Fortschritten bei der Gerichtsmedizin wissen wir, dass er mit 1,55 bis 1,66 m durchschnittlich zwar kleiner war als der moderne Mensch, doch hatte er ein größeres Gehirn und wirkte insgesamt stämmiger und kompakter als wir. Ferner war er auch wesentlich stärker und besser an die Kälte der Eiszeit in seinem europäisch-vorderasiatischen Lebensraum angepasst, wobei der Neandertaler Spuren bis zum heutigen Usbekistan hinterlassen hat. Auch enthüllen aktuelle Genanalysen, dass es

---

[37] Junker (2008, S. 10).
[38] Thoms (2005, S. 76).

keinen Grund gibt zu glauben, der Neandertaler hätte nicht sprechen können, denn das dafür notwendige Gen FOXP2 (Forkhead-Box-Protein P2)
teilte er mit uns. Außerdem ist seit Mai 2010 erwiesen, dass sich moderne
Menschen und Neandertaler teilweise miteinander gepaart haben und das
ein bis vier Prozent unseres Erbguts von ihm stammen, allerdings gilt dies
nur für Menschen nichtafrikanischer Abstammung.[39,40,41]

Wo hat der moderne Mensch seinen Ursprung?

Kein Geringerer als Charles Darwin (1809–1882), der mit seinen Werken
On the Origin of Species by Means of Natural Selection (1859) und The *Descent
of Man, and Selection in Relation to Sex* (1871) die Biologie wie kein Zweiter
prägte, war es, der meinte, dass die ersten Menschen da aufgetreten seien,
wo heute noch die Primaten leben und folgerte daraus einen Ursprung der
Menschheit in Afrika.

Wie viel Leben könnte es da draußen geben?

Der belgische Biochemiker und Nobelpreisträger Christian de Duve (geb.
1917) sagte einmal: *„Leben entsteht geradezu zwangsläufig […] immer dann,
wenn die physikalischen Bedingungen ähnlich jenen sind, die vor etwa vier Milliarden Jahren auf unserem Planeten herrschten."*[42] Demnach könnte bakterielles Leben im Universum recht häufig vorkommen, während höheres Leben wohl eher selten und intelligentes Leben wahrscheinlich rar ist. Nach
Meinung des Planetenjägers Geoff Marcy haben 30 % aller Hauptreihensterne mindestens einen erdähnlichen Planeten und demnach könnte es bis zu
20 Mrd. felsiger Planeten in der Milchstraße geben, von denen nach gängiger
Überzeugung ein Drittel Wasser an der Oberfläche beherbergt, und somit
eines der wichtigsten Kriterien für Leben vorhanden wäre.

Leben im Sonnensystem

Leben in der Atmosphäre der Venus

Wer sich auf die Suche nach einfachem außerirdischen Leben macht, muss
gar nicht so weit reisen, denn schon der nächste Planet von der Erde könnte mikrobakterielles Leben beherbergen. Zwar gilt die Venus allgemein als

---

[39] Bolus und Schmitz (2006, S. 65–77).
[40] http://news.bbc.co.uk/2/hi/science/nature/7886477.stm (24.01.2010).
[41] http://www.spiegel.de/wissenschaft/mensch/0,1518,692855,00.html (06.05.2010).
[42] Crawford (S. 66).

„Höllenplanet", auf deren Oberfläche die Temperatur durch einen sich selbst verstärkenden Treibhauseffekt so hoch ist, dass sie Blei schmelzen könnte, und auch die superrotierende Atmosphäre ist mit ihrem dominierenden Kohlendioxidanteil und ihren säurehaltigen Schwefelwolken auf den ersten Blick kein besonders lebensfreundlicher Ort. Doch waren die Bedingungen auf unserem Schwesterplaneten nicht immer so extrem und es gab eine Zeit, in der die Venus der Erde nicht unähnlich war.

Aus astrobiologischer Sicht ist die Venus nicht hoffnungslos, wie im Jahr 2002 Dirk Schulze-Makuch, damals noch an der Universität Texas in El Paso und inzwischen bei der Washington State University, feststellte. Denn in 50 km Höhe gibt es zwar immer noch ätzende, säurehaltige Schwefelwolken, aber auch die höchste Konzentration an Wassertropfen und Temperaturen von um die 70 °C. Er und sein Mitarbeiter Louis Irwin werteten Daten der russischen Venera-Sonden und der amerikanischen Pioneer-Missionen, welche die Venus zum Ziel hatten, aus und stießen dabei auf etwas Ungewöhnliches. Die Sonnenstrahlung und der Blitzschlag, der auch von der europäischen Sonde Venus Express beobachtet werden konnte, sollten eigentlich große Mengen Kohlenmonooxid in der Venus-Atmosphäre produzieren, aber stattdessen ist dieses Gas selten, so als ob es von irgendetwas aufgebraucht würde. Sie fanden stattdessen große Mengen Schwefeldioxid und Schwefelwasserstoff. Die beiden Gase reagieren normalerweise miteinander und kommen deshalb nicht gemeinsam vor, es sei denn, etwas produziert sie. Noch mysteriöser aber fanden die Forscher die Carbonylsulfid-Vorkommen in der Venusatmosphäre, da das Gas auf anorganische Weise dermaßen schwer herzustellen ist, dass es oft als sicheres Zeichen für biologische Aktivität gilt. Es könnte zwar auch andere nicht biologische Produktionswege von Schwefelwasserstoff und Carbonylsulfid geben, die uns bisher unbekannt sind, aber beide Reaktionen brauchen einen Katalysator und auf der Erde sind die besten Katalysatoren Mikroben. Deshalb vermutet Dirk Schulze-Makuch, dass in der oberen Venusatmosphäre Mikroben existieren, die für die ungewöhnlichen Werte verantwortlich sind. Diese könnten sich sogar von der UV-Strahlung der Sonne ernähren, welche normalerweise für die meisten Mikroben tödlich ist, doch gibt es auch auf der Erde resistente Bakterien wie das *Deinococcus radiodurans* oder Pilze wie *Fusarium alkanophylum,* die auch unter einer hohen UV Strahlung noch weiter wachsen. Entstanden sein könnten diese Mikroben, als die Venus noch lebensfreundlich war, oder sie könnten auch irdischen oder marsianischen Ursprungs sein und per Meteorit zur Venus gelangt sein.[43,44]

Ich habe Dirk Schulze-Makuch gefragt, wie die wissenschaftliche Community auf seine Ideen reagiert hat, und er erzählte mir, dass die Reaktionen ein

---

[43] Schulze-Makuch und Louis (2002).
[44] Schulze-Makuch und Louis (2004).

Abb. 10.4 Künstlerische Darstellung des Planeten Mars mit erdähnlichen Bedingungen. © Daein Ballard

breites Spektrum abdeckten. Von der Einschätzung, dass seine Annahmen hoch spekulativ seien und durch weitere Missionen verifiziert werden müssten, dem sich auch Schulze-Makuch anschließt, bis hin zu Borniertheit und Aussagen, dass diese Idee einfach nur lächerlich sei.

Leben auf dem Mars

Eine der spannendsten Fragen der heutigen Wissenschaft ist die, ob auf dem Mars Leben entstehen konnte, und hier sprechen die Beweise keine eindeutige Sprache. Sicher ist, dass der Mars früher der Erde einmal sehr ähnlich war und eine ähnliche Atmosphäre und Oberfläche hatte (Abb. 10.4). Es gibt sogar zahlreiche Hinweise darauf, dass der Mars Flüsse und Seen aus Wasser beherbergte.

Allerdings gab es diese Bedingungen nur wenige Millionen Jahre, woran seine geringe Größe und Masse sicher nicht unschuldig sind, denn das Halten einer dichten Atmosphäre ist mit nur 38 % der Schwerkraft der Erde ungleich schwieriger. Nach Auswertung von Daten der Mars-Global-Surveyor-Sonde über die Karbonatvorkommen des Planeten hatten einige Wissenschaftler Zweifel daran, dass der Mars jemals einen größeren Ozean besessen hat, doch neuere Daten des OMEGA-Instruments an Bord der europäischen Mars-Express-Sonde über die Mineralvorkommen bestätigen die feuchte Vergangenheit des Roten Planeten.

Ferner entdeckte man, dass das flüssige Wasser auf dem Mars einst einen hohen Salzgehalt gehabt haben muss und dies die Bildung von Mikroben erschwert haben dürfte. Andererseits gibt es aber auch den bereits erwähnten Marsmeteoriten ALH 84001, welcher 1984 entdeckt wurde. Auf einer Pressekonferenz der NASA behaupteten David S. McKay und weitere Wissenschaftler 1996, Spuren fossiler Bakterien im Meteoriten gefunden zu haben, und bis heute gibt es hierüber eine kontroverse Diskussion.[45]

Heute besitzt der Mars meist nur noch unter der Oberfläche, vornehmlich an den beiden Polen, Wasser, wie die amerikanische Sonde Mars Odyssey im Mai 2002 festgestellt hat, wobei jedoch die weißen Polkappen selber aus gefrorenem Kohlendioxid (Trockeneis) bestehen und das Wassereis nicht rein ist, sondern große Anteile an „schmutzigen" Elementen enthält. Auch die europäische Sonde Mars Express konnte mit ihrem Visible and Infrared Mineralogical Mapping Spectrometer die Ergebnisse der Mars Odyssey Sonde bestätigen und noch weitere Daten liefern. So zeigt ein Bild von einem Einschlagskrater im Vastitas Borealis (70.5° Nord und 103° Ost) nahe des marsianischen Nordpols noch heute ein Wassereisvorkommen an der Oberfläche. Was insofern sehr ungewöhnlich ist, da der Mars nur eine sehr dünne Atmosphäre und einen niedrigen Luftdruck, der nur einem Hundertstel von dem der Erde entspricht, besitzt. Dies führt dazu, das Wassereis schon bei extrem niedrigen Temperaturen verdampft, und dies würde auch das Blut eines Astronauten, ohne Raumanzug mit Druckausgleich, innerhalb weniger Sekunden zum Kochen bringen. Im Jahr 2009 entdeckten Forscher auf Bildern der amerikanischen Sonde Mars Reconnaissance Orbiter weitere fünf Krater mit Wassereis, welche auf halbem Weg zwischen Mars-Nordpol und -Äquator liegen. Die Krater sind zwischen einem halben und 2,5 m tief und tauchen auf früheren Bildern der Region nicht auf, womit sie relativ frisch sind.

Aufgrund der stark elliptischen Umlaufbahn unterliegt der Mars starken Temperaturschwankungen. Aber noch chaotischer verhält sich das Wetter auf dem Mars, da es starke Winde und beträchtliche Sandstürme gibt, die gelegentlich für Monate den gesamten Planeten verschlingen. Die dünne Atmo-

---

[45] Bloh et al. (2008, S. 258).

sphäre des Mars produziert zwar einen Treibhauseffekt, aber dieser reicht nur für eine Erwärmung der Oberflächentemperatur um fünf Grad aus, weshalb es auf ihm sehr kalt und trocken ist.

Erschwerend für mögliches bakterielles Leben auf ihm ist, dass der Mars, anders als die Erde, kein globales Magnetfeld besitzt, was Lebewesen vor den schädlichen Auswirkungen der kosmischen Strahlung schützt. Dies wurde allerdings erst 1997 bei der Ankunft der Mars-Global-Surveyor-Sonde dank ihres Magnetometers bestätigt. Dennoch gehen heute Planetologen davon aus, dass der Mars neben einem flüssigen Kern auch einen festen Eisenkern besitzt, doch findet auf ihm keine Plattentektonik statt. Auch das Fehlen einer Ozonschicht, die den schädlichen Effekten der UV-Strahlung entgegenwirkt, verdeutlicht die heutige Lebensfeindlichkeit.

Dennoch konnten im Jahre 2003 erstmals mittels erdgestützter Teleskope Spuren von Methan nachgewiesen werden, die 2004 sowohl von der NASA als auch der ESA bestätigt werden konnten. Das Vorhandensein des flüchtigen Gases Methan in der Atmosphäre weist darauf hin, dass auf dem Mars „Methanquellen" vorhanden sein müssen oder dass diese zumindest vor Hunderten von Jahren existierten. Als Quellen kommen aktive Vulkane, Kometeneinschläge oder sogar Methan produzierende Mikroorganismen in Betracht, die eine lebensfreundliche Nische im Untergrund des Planeten gefunden haben. Das Methan ist nicht gleichmäßig verteilt, sondern weist ein Muster etwas erhöhter Konzentrationen auf.

Auch die Bodenproben vom Roten Planeten liefern ein zwiespältiges Bild. Als erstes untersuchten die beiden amerikanischen Viking-Sonden 1976 den Marsboden nach Spuren von Leben. Doch zeigten die Ergebnisse, dass der Marsboden so steril ist, wie ein Operationstisch im Krankenhaus sein sollte. Keine Anzeichen von Mikroben oder Spuren gegenwärtigen oder vergangenen Lebens. Demgegenüber stehen aber die aktuelleren Entdeckungen der beiden identischen Marsrover Spirit und Opportunity, wobei insbesondere letztgenannte Sonde eindeutige Belege dafür gefunden hat, dass der Mars zumindest eine Zeit lang die richtigen Bedingungen gehabt haben muss, damit Leben entstehen konnte und unter der Oberfläche noch immer existieren könnte. Zuletzt entdeckte auch die Phoenix-Sonde, welche im Sommer 2008 auf dem Mars gelandet ist, dass der Marsboden definitiv Wasser enthält und somit die wichtigste Grundvoraussetzung für die Entstehung von Leben gegeben ist. Die stationäre Sonde nahm mit ihrem Roboterarm eine Bodenprobe und erhitzte diese im Thermal Evolved Gas Analyzer, einer Mischung aus einem kleinen Schmelzofen und einem Massenspektrometer, wobei Wasserdampf nachgewiesen wurde.

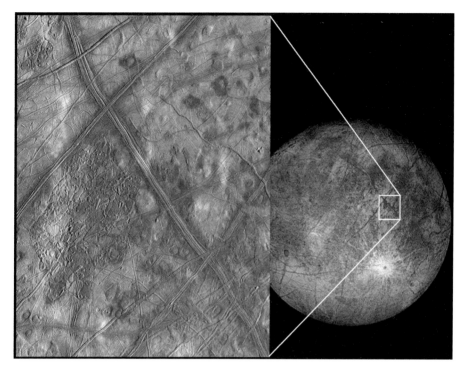

Abb. 10.5 Nahaufnahme der eisbedeckten Oberfläche von Europa. © NASA/JPL/University of Arizona

Leben auf dem Jupitermond Europa

Entdeckt wurde der Jupitermond Europa, wie auch die anderen drei Galileischen Monde, von Galileo Galilei 1610, als dieser sein selbst gebautes Teleskop auf den Planeten Jupiter richtete. Er sah aber nur strukturlose Lichtpunkte. Erst im letzten Jahrhundert wurden einige Entdeckungen gemacht, die die Vermutung rechtfertigen, dass Europa für Leben geeignet ist. In den 1960er Jahren ergaben Spektralanalysen, dass dieser Mond von Eis bedeckt ist, dies allein ist aber noch nichts Besonderes, da auch andere Objekte unseres Sonnensystems, wie Kometen oder selbst der Zwergplanet Pluto, mehr oder minder große Spuren davon aufweisen. Erst 1979 wurde durch die Voyager-Sonde enthüllt, dass die Oberfläche des Mondes relativ jung ist, weniger als 30 Mio. Jahre, und dass irgendetwas Einschlagskrater von Asteroiden und Kometen wieder ausgleicht (Abb. 10.5). Die ersten Wissenschaftler vermuteten, dass unter dem Eis eine wärmere, bewegliche Schicht existiert und dass diese aus flüssigem Wasser bestehen könnte, wobei aber auch Vulkanismus oder Plattentektonik für die Glättung verantwortlich sein könnten. Doch glaubten viele Wissenschaftler zunächst nicht, dass ein so kleiner Körper geo-

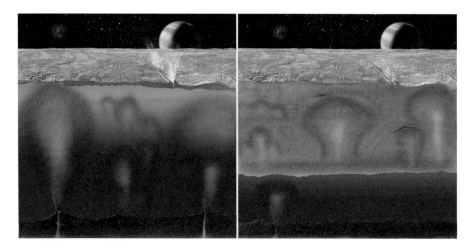

Abb. 10.6 Dass Europa einen Ozean besitzt, ist wahrscheinlich, die Fragen sind nur, wie die dick die Eisschicht und wie geologisch aktiv der Mond ist. © NASA/JPL

logisch aktiv sein könnte, bis man hinter das Geheimnis des Jupitermondes Io kam. Dieser kleine Mond ist der vulkanisch aktivste Körper unseres Sonnensystems und schuld daran ist Jupiter, genauer gesagt die Gezeitenkräfte des Planeten. Die inneren Galileischen Monde Io, Europa und Ganymed kreisen trotz gebundener Rotation nämlich auf elliptischen Bahnen um den Planeten und dadurch ändert sich der Abstand zum Jupiter und sie werden von dessen gewaltigen Gravitationskräften wesentlich stärker abwechselnd gestaucht und gedehnt, als dies beim äußersten der vier Galileischen Monde, Kallisto, der Fall ist. Deswegen vermuten immer mehr Forscher, dass auch Europa unter seinem Eispanzer noch geologisch aktiv sein könnte und dies könnte unter der Eisschicht einen globalen Ozean bedeuten (Abb. 10.6).

Im Dezember 1995 schwenkte die Galileo-Sonde in eine Umlaufbahn um den Planeten Jupiter ein und flog mehrmals auch an Europa vorbei. Die Daten enthüllten, dass Europas mittlere Dichte bei 3,04 Gramm pro Kubikzentimeter liegt und er demnach vorwiegend aus Gestein besteht, doch enthüllten die Daten auch, dass ein erheblicher Teil des Wassers womöglich in flüssiger Form vorliegen und Europas Ozean voluminöser als alle irdischen Ozeane zusammen sein könnte. Ein strittiger Punkt ist, wie dick die Eisschicht ist, darüber gibt es nämlich unterschiedliche Interpretationen von einigen wenigen bis hin zu mehreren Dutzend Kilometern. Eine interessante Entdeckung machte noch Galileos Magnetometer, denn das starke Magnetfeld Jupiters wird von dem kleinen Mond Europa gestört und dies ist ein klarer Hinweis auf eine elektrisch leitfähige Schicht. Da viele Meteoriten Salze enthalten, liegt die Vermutung nahe, dass abgestürzte Gesteinsbrocken diesem Mond große Mengen davon hinzugefügt haben, weshalb

Abb. 10.7 Künstlerische Darstellung eines Hydrobots, der den Ozean unter der Eisschicht erforscht. © NASA

unter Europas Eisschicht, nicht nur ein Ozean, sondern ein salzhaltiger Ozean existieren könnte. Genau werden wir es aber erst wissen, wenn eine weitere Sonde zum Jupiter geschickt wird und definitiv feststellt, dass dieser Mond einen Ozean besitzt, doch leider wurde die vielversprechendste Mission, die *Jupiter Icy Moons Orbiter* (*JIMO*), im Jahr 2005 von der NASA gestrichen und die aktuelle Jupiter-Sonde *Juno,* die im August 2011 gestartet ist, hat andere Missionsziele als den Jupitermond Europa zu untersuchen. Erst um das Jahr 2020 wird die multinationale *Europa Jupiter System Mission* in der Lage sein, die Frage nach einem Ozean unter Europa womöglich zu beantworten. Ob dieser dann aber auch für Leben geeignet ist, wird wohl erst eine Tauchrobotermission mit einem „Hydrobot" (Abb. 10.7) enthüllen, die sich zunächst durch den dicken Eispanzer schmelzen muss. Doch könnte ein Gewässer auf der Erde zeigen, ob Leben in einem solchen Ozean möglich ist, denn der Wostock-See liegt unter einer vier Kilometer dicken Eisschicht in der Antarktis und bietet sich für eine Analyse der für Europa geplanten Technologien geradezu an.[46]

---

[46] Pappalardo et al. (S. 49–57).

Leben auf dem Saturnmond Enceladus

Der kleine Saturnmond Enceladus (Abb. 10.8) rückte erst durch die Cassini-Mission ins Blickfeld der Wissenschaftler, denn die Sauerstoffwolke, die bei der Ankunft der Sonde beim Ringplaneten entdeckt wurde, führte die Wissenschaftler zu diesem kleinen, unscheinbaren Mond.

Der Sauerstoff war aber nur der erste Hinweis darauf, dass sich unter der Oberfläche des eisigen Mondes mehr verbirgt, als es auf den ersten Blick scheint, und es brauchte eine Weile, bis die Wissenschaftler diese Botschaft verstanden haben. Doch als sie den Spuren des Sauerstoffs folgten, kamen sie zu einem seltenen und begehrenswerten Element im Universum – flüssigem Wasser.

Die ersten Anzeichen dafür entdeckte Cassinis Ultraviolet Imaging Spectrograph bereits im Dezember 2003, als die Sonde nach ihrer siebenjährigen Reise sich dem Ringplaneten näherte und neben den erwarteten Wasserstoffmolekülen auch die ersten Sauerstoffatome fand. Doch deren Anzahl und Ungebundenheit überraschte zusätzlich.

Im Januar 2004 wurde dann eine massive Blase von Sauerstoffatomen beim äußersten Saturn Ring, dem E-Ring, gefunden, die sich kurze Zeit später aber wieder verflüchtigt hatte.

Bei weiteren Beobachtungen im Jahr 2005 kam ans Licht, dass etwas Merkwürdiges auf dem kleinen Mond Enceladus geschieht, welcher in der Nähe des E-Ringes liegt. Cassinis Magnetometer zeigte, dass dieser Mond eine Atmosphäre besaß, aber eigentlich viel zu klein ist, um eine Atmosphäre über längere Zeit zu halten. Enceladus musste also eine Quelle besitzen, welche ständig Nachschub liefert, doch der Prozess dahinter wird bis heute nicht vollständig verstanden. Der Cosmic Dust Analyzer entdeckte dann auch noch einen Partikelstrom um den Mond, und die Wissenschaftler erkannten daraufhin, dass Enceladus die Ursache für den Anstieg der Sauerstoffatome des E-Ringes war.

Die Wissenschaftler führten daraufhin einige Kurskorrekturen durch, um näher an Enceladus heranzukommen als ursprünglich geplant.

Im Juli 2005 flog Cassini in nur 175 km Entfernung an Enceladus vorbei und entdeckte, dass der Südpol des Planeten warm ist und obendrein Wasserdampf und Eispartikel versprüht. Und nicht nur das: Cassinis Spektrometer identifizierte eindeutig Sauerstoff. Dies war eine echte Sensation und die Wissenschaftler, die zuvor zwei unterschiedliche Anomalien festgestellt hatten, erkannten, dass es sich um das gleiche Phänomen handelt.

Der Ursprung des atomaren Sauerstoffs war also gelöst und Enceladus änderte sozusagen über Nacht sein Gesicht. Von einem kalten, eisigen und toten Mond zu einem mit einer inneren Hitzequelle, der obendrein noch geologisch aktiv ist und dessen Geysire genug Wasserdampf und Eis ausstoßen (Kryo-

Abb. 10.8   Der kleine Saturnmond Enceladus, aufgenommen durch die Cassini-Sonde. © NASA/JPL/Space Science Institute

vulkanismus), damit der Mond eine sehr dünne Atmosphäre aus gefrorenem Wasserdampf hat, in der sich auch Spuren von Methan und Kohlendioxid finden. Diese Rauchfahnen, die auf der südlichen Hemisphäre in den sogenannten Tigerstreifen (tektonische Verwerfungslinien) liegen, werden dabei mehrere Hundert Kilometer hoch geschossen.

Aber die größte Sensation ist, dass es nicht sehr tief unter der schneebedeckten Oberfläche des Mondes ein größeres Reservoir an flüssigem Wasser geben muss, dass durch dieselbe Quelle wie auch die Geysire erhitzt wird. Hier vermuten die Wissenschaftler mehrere „hot spots" im Untergrund des

Mondes. Damit wird der Mond an die Spitze der elitären Orte in unserem Sonnensystem katapultiert, auf dem es auch Leben geben könnte.

Was bedroht das Leben

Neben dem rücksichtslosen Verhalten des Menschen, mit der Zerstörung ganzer Lebensräume und der Ausrottung ganzer Arten, was auch unsere eigene Lebensgrundlage gefährdet, gibt es eine ganze Reihe außerirdischer Gefahrenpotenziale für das Leben auf einem Planeten. Auch die Erde hat im Laufe ihrer Geschichte schon einiges durchgemacht und mehr als einmal gab es Katastrophen unvorstellbaren Ausmaßes, bei denen ein Großteil aller Lebewesen ausgestorben sind.

Seitdem sich unser Blauer Planet gebildet hat, sind schon mehr als 4,6 Mrd. Jahre vergangen, und bis zur Bildung der ersten Lebewesen dauerte es nur wenige Hundert Millionen Jahre. Im Archaikum entstanden die Urmeere und auch die Sauerstoffatmosphäre bildete sich langsam heraus, sodass sich Archaeobakterien bilden konnten.

Doch erst vor 2,5 Mrd. Jahren entstanden im Proterozoikum aus den einzelligen Bakterien mehrzellige Lebewesen. Wobei es noch einmal fast zwei Milliarden Jahre gedauert hat, bis es zur sogenannten Kambrischen Explosion, dem „Startschuss" der Vielfalt des Lebens auf der Erde, vor 542 Mio. Jahren kam. Dabei entwickelten sich innerhalb kurzer Zeit zahlreiche Tierstämme, und das Leben begann den Planeten zu erobern.

Etwa 100 Mio. Jahre später entwickelten sich auch die ersten Wirbeltiere (im Äon, der obersten Gliederungsebene der Erdgeschichte, Phanerozoikum in der Periode Silur) im Wasser und später auch an Land. Interessant am Rande ist vielleicht, dass sich wirbellose Tiere, wie große Kopffüßer, zu denen z. B. die Tintenfische gehören, sich wesentlich eher gebildet haben.

Doch schon eine Periode zuvor, im Ordovizium vor 428 Mio. Jahren, kam es zu einem verheerenden Massensterben, bei dem etwa 50 bis 60 % aller Lebewesen ausgelöscht worden sind und insbesondere viele Trilobiten-Arten verschwanden. Trilobiten gehören für die Paläontologen zu den wichtigsten Fossilien, und sie lebten in den Urmeeren vom Kambrium bis zum Perm. Sie sind also ausgestorben, bevor sich die Dinosaurier entwickelt haben, doch damit sind sie nicht die einzigen, denn am Ende des Perm kam es zum verheerendsten Massensterben in der Geschichte unseres Planeten.

Bereits im Devon, vor etwa 367 Mio. Jahren, erlitt das Leben einen weiteren Rückschlag und viele Arten sind ausgestorben. Leider lassen sich heute die genauen Umstände nicht mehr rekonstruieren und viele Theorien ranken sich

Abb. 10.9 Künstlerische Darstellung eines Gamma-Ray Bursts, der ein Massensterben auf der Erde auslösen könnte, wenn sich dieser innerhalb von nur wenigen Tausend Lichtjahren ereignet. © NASA

darum, wie es zu dem Massensterben kam, da die Beweisführung aber äußerst schwierig ist, gibt es mehrere Möglichkeiten.

Die üblichen Verdächtigen für die Massensterben auf der Erde sind dabei Meteoriteneinschläge, von denen es im Laufe der Erdgeschichte zahlreiche gab, über die Strahlung einer nahen Supernova oder gar eines Gamma Ray Bursts (Abb. 10.9) – wahrscheinlich der Geburtsschrei eines Schwarzen Lochs – bis hin zum extremen Vulkanismus. Aber auch die Strahlung, die beim Ausbruch eines Magnetars freigesetzt wird, könnte mit einem Mal die Atmosphäre der Erde hinwegfegen. Zuletzt brachen 1998 der Magnetar SGR

1900 + 14 in 20 000 Lichtjahren und 2005 SGR 1806–20 in 50 000 Lichtjahren Entfernung aus.

Dabei hinterlässt ein Meteoriteneinschlag vermeintlich die besten Spuren, denn ein mehrere Kilometer im Durchmesser fassender Krater ist nur schwer zu übersehen. Doch dem ist nicht unbedingt so, denn wenn das kosmische Geschoss „zu groß" ist, kann es auf die Erde stürzen ohne einen Krater zu hinterlassen, denn wie Wissenschaftler anhand von Computersimulationen herausgefunden haben, kann es passieren, dass die Erdkruste durchschlagen wird oder zumindest beim Einschlag die auftretende Schockwelle nach Newtons 3. Prinzip (actio = reactio) Magma aus dem Erdinneren herausströmen lässt und der Krater so wieder aufgefüllt wird. Ein Krater ist aber nicht der einzige Hinweis auf einen Meteoriteneinschlag, denn durch die Wucht beim Aufprall werden tonnenweise Steine und Staub aufgewirbelt, wobei einige Brocken auch das Schwerefeld der Erde verlassen. Der Rest wird in die Atmosphäre geschleudert und verteilt sich so über den ganzen Globus, weshalb sehr rasch die Erde verdunkelt wird, da das Sonnenlicht nicht durch die entstehende Staubschicht scheinen kann und es zu einer Klimaänderung, zu einem sogenannten Nuklearen Winter kommt. Außerdem wird ein Teil der Vegetation verbrannt und eine riesige Flutwelle schießt mit einer gewaltigen Geschwindigkeit über den Globus und fegt alles hinweg, wodurch schließlich der Meeresspiegel absinkt. Doch lassen sich Spuren eines solches Ereignisses gut zurückverfolgen, denn zum einen hinterlässt ein Meteoriteneinschlag große Mengen gesprungenen Quarzes sowie das auf der Erde sehr seltene Metall Iridium, das ein Bestandteil von Meteoren ist.[47]

Dass ein Gamma Ray Burst hingegen für ein Massensterben verantwortlich sein kann, ist hingegen eine recht neue Theorie, doch nach Aussage der NASA und Wissenschaftlern der University of Kansas ist dies eine mögliche Erklärung für das Massensterben im Ordovizium. Dabei würde durch die Gammastrahlen innerhalb weniger Sekunden die Ozonschicht der Erde zerstört werden, weshalb auch Jahre nach dem Ereignis UV-Strahlung noch ungehindert die Erdoberfläche erreichen könnte, und nicht nur das, denn die Gammastrahlen, die energiereichste Strahlung, würden das Zellgewebe aller Lebewesen schädigen und für ein großes Massensterben an Land sorgen. Doch auch damit nicht genug, zwar könnten Lebewesen in der Tiefsee diesem kosmischen Bombardement entkommen, doch würde das Plankton nahe der Wasseroberfläche zerstört und somit die Nahrungskette im Wasser irreparabel geschädigt werden, weshalb es auch hier zu einem Massensterben kommen würde.[48]

---

[47] Meissner (2004, S. 100–101).
[48] http://www.nasa.gov/vision/universe/starsgalaxies/gammaray_extinction.html (05.05.2010).

Dass Vulkanismus für ein Massensterben sorgen kann, ist auf den ersten Blick vielleicht nur schwer zu verstehen, hat jeder doch schon Bilder eines solchen Ereignisses gesehen ohne dass dies schwerwiegende globale Folgen gehabt hätte. Doch gibt es auch noch heute aktive Supervulkane auf der Erde, wie zum Beispiel unter dem Yellowstone Nationalpark, dessen Ausbruch um ein Vielfaches stärker wäre, als ein normaler Vulkanausbruch, und es so zu ähnlichen Folgen wie bei einem Meteoriteneinschlag kommen könnte: globale Verdunklung und Klimawandel.

Am Ende des Perm kam es zum größten Massensterben in der Geschichte unseres Planeten, und hier starben 70 % aller Landbewohner und fast 95 % aller Lebewesen im Wasser aus, und lange Zeit war die Ursache für die Wissenschaftler ein Mysterium und verschiedene Ursachen wurden für möglich gehalten. Bis man Tausende Kilometer erstarrter Lava unter Schnee und Eis in Sibirien gefunden hat, die durch gigantische Vulkanausbrüche (diese werden auch als „Trapp" bezeichnet) vor etwa 250 Mio. Jahre verursacht worden sind und im Zuge derer Hunderttausende von Quadratkilometern in Flammen standen. Doch die Vulkanausbrüche waren nur der Auslöser für eine noch gewaltigere Katastrophe. Da man durch Gesteinsanalysen aus Grönland herausgefunden hat, dass sich das Massensterben in drei verschiedenen Phasen abgespielt hat. Beginnend an Land, wo innerhalb von 40 000 Jahren einige Pflanzen- und Tierarten verschwunden sind, bevor innerhalb von nur 5000 Jahren ein gewaltiges Massenaussterben im Meer vonstatten ging. Und erst jetzt kam es in Phase III auch zu einem großen Massensterben an Land, das etwa 35 000 Jahre dauerte.

Der Grund hierfür war, dass durch den gewaltigen Vulkanismus die globalen Temperaturen und auch die Meerestemperatur um etwa 5 °C anstiegen sind und somit große Mengen Methanhydrat, das in riesigen Mengen im gefrorenen Zustand unter dem Meeresboden lagert, auftaute und somit gewaltige Mengen C-12 (Kohlenstoff 12) und Methan freigesetzt wurden. Da Methan zu den wirksamsten Treibhausgasen zählt, wurden die globalen Temperaturen nochmals um 5 °C erhöht.

Eine Erhöhung der globalen Temperaturen um 10 °C reichte also aus, um das schlimmste Massensterben der Geschichte auszulösen, dies sollte man im Hinterkopf behalten, wenn über die anbrechende Klimaänderung bzw. Klimakatastrophe berichtet wird.

40 Mio. Jahre später, vor etwa 213 Mio. Jahren am Ende des Trias, kam es schon zum nächsten Massensterben, was eine ähnliche Ursache wie das Perm-Aussterben gehabt haben könnte.

Vor 65 Mio. Jahren, am Ende der Kreidezeit, kam es hingegen zu einem Ereignis, dass sich aufgrund zahlreicher Spuren, wie der Kreide-Tertiär-Grenze (K/T), in Erdschichten gut zurückverfolgen lässt. Und auch die überwiegende

Mehrheit der Wissenschaftler ist davon überzeugt, dass die Dinosaurier sowie 75 % der Fauna und Flora durch einen Meteoriteneinschlag im Golf von Mexiko bzw. der Halbinsel Yucatan, dem so genannten Chicxulub-Krater, ausgelöscht wurden.[49]

Zwar glauben einige wenige Wissenschaftler an andere Theorien, aber ein 180 km breiter Krater lässt sich nun Mal schlecht wegdiskutieren, zumal man heute Hinweise dafür hat, dass der Krater noch wesentlich größer ist als bislang gedacht, und auch noch einen vierten äußeren Ring besitzt.[50] Wobei es aber nicht auszuschließen ist, dass auch eine kombinierte Ursache den Untergang der Echsenherrschaft begünstigte, da Spuren des gewaltigen Dekkan-Trapp-Vulkanismus in Indien gefunden wurden. Aber die Chrom-Isotopenverteilung aus dieser Zeit ist eindeutig ein Beleg für ein extraterrestrisches Ereignis, zumal auch nur so die Iridium-Anomalie aus dieser Zeit erklärt werden kann.

Doch wie sah die Erde zu dieser Zeit aus?

Man geht heute davon aus, dass während des Mesozoikums der Superkontinent Pangäa auseinandergebrochen ist und sich in der Kreidezeit schon die Umrisse der heutigen Kontinente herausgebildet hatten. Ferner gab es schon eine ähnliche Vegetation wie heute mit Laubbäumen (Ahorn, Eiche oder Walnuss) und Nadelbäumen.

Zusammenfassend lässt sich sagen, dass das Leben auf der Erde schon einiges überstanden hat und auch extreme Klimaänderungen wie Eiszeiten keine Seltenheit sind, sodass die nächste globale Katastrophe mit hundertprozentiger Wahrscheinlichkeit kommen wird. Die Frage ist also nicht ob, sondern wann? Ferner zeigen genetische Studien, dass vor 100 000 Jahren nur noch ein paar Hundert oder wenige Tausend Menschen existierten, während sich die meisten anderen Lebewesen einer Art auf der Erde deutlich mehr voneinander unterschieden. Aufgrund dieser geringen genetischen Auswahl in der Vergangenheit ist jeder Mensch heute nahezu ein „Klon" jedes anderen Menschen.[51]

Nach Auffassung der beiden Wissenschaftler Robert Rohde und Richard Muller von der University of California in Berkeley folgt dabei das Massensterben auf der Erde einem mysteriösen Rhythmus, denn alle 62 Mio. Jahre (± 3 Mio. Jahre) soll es nach Auswertung fossiler Funde dazu kommen, was nach Aussage von Muller mit „Astronomie" zu tun haben könnte, sprich dem Umlauf der Sonne um das Zentrum der Galaxis, bei dem unser Sonnensystem

---

[49] Meissner (2004, S. 100–101).
[50] http://sse.jpl.nasa.gov/multimedia/display.cfm?IM_ID=791 (28.05.2010).
[51] Kaku (2008, S. 178–179).

auch massereichen Objekten nahekommt, die unser äußeres Sonnensystem durcheinanderbringen können und Kometen auf einen Kollisionskurs mit der Erde schicken könnten – und Kometen gelten bereits seit der Antike als Unheilbringer.

Literatur

Bernstein, M.P., Sandford, S.A., Allamonda, J.L.: Kamen die Zutaten der Ursuppe aus dem All? In: Zeitschrift SdW, Dossier Leben im All. S. 28–31, 32, 33, 35

Bloh, W.v., Bounama, C., Franck, S.: Habitable zones in extrasolar planetary systems planets. Extrasolar Planets. Wiley VCH, Weinheim S. 258 (2008)

Bolus, M., Schmitz R.W.: Der Neandertaler, S. 65–77. Thorbecke, Stuttgart (2006)

Crawford, I.: Ist da draußen wer? In: Zeitschrift SdW, Dossier Leben im All. S. 66

Dvorak, R., Pilat-Lohinger, E.: Terrestrial planets in extrasolar planetary systems. In: Extrasolar Planets, S. 29. Wiley VCH, Weinheim (2008)

Fredrickson, J.K., Onstott, T.C.: Leben im Tiefengestein. In: Zeitschrift SdW, Dossier Leben im All. S. 16–21

Geiger, H.: Auf der Suche nach Leben im Weltall, S. 22. Kosmos, Stuttgart (2005)

Gottschalk, G.: Welt der Bakterien, S. 9, 22–23. Wiley VCH, Weinheim (2009)

Horneck, G.: Auf den Spuren des Lebens. In: Zeitschrift SdW, Dossier Leben im All. S. 6, 7

Junker, T.: Die Evolution des Menschen, S. 10. C.H. Beck, München (2008)

Kaku, M.: Die Physik des Unmöglichen, rororo. S. 169–171, 172, 178–179 (2008)

Leakey, M., Walker, A.: Frühe Hominiden. In: Zeitschrift SdW, Dossier Die Evolution des Menschen. S. 19

Meissner, R.: Geschichte der Erde. S. 100–101, 102–103. C.H.Beck, München (2004)

Nakott, J.: Wie du und ich. In: Zeitschrift National Geographic 07/2012, S. 38-69 (2012)

Pappalardo, R.T., Heads, J.W., Greely, R.: Der verborgene Ozean des Jupitermonds Europa. In: Zeitschrift SdW, Dossier Leben im All. S. 49–57

Röhrlich, D.: Hallo? Jemand da draußen?, S. 15, 88–89, 95–98, 121, 127, 160–161. Spektrum Akademischer Verlag, Heidelberg (2008)

Sagan, C.: Blauer Punkt im All, S. 254–255. Droemer Knaur, München (1996)

Schulze-Makuch, D., Irwin, L.N.: Reassessing the possibility of life on Venus. In: Astrobiology, Vol. 2, No. 2 (2002)

Schulze-Makuch, D., Grinspoon, D.H., Abbas, O., Irwin, L.N., Bullock, M.A.: A sulfur-based survival strategy for putative phototrophic life in the Venusian atmosphere. Astrobiology. 4(1), 11–18 (2004)

Thoms, S.P.: Ursprung des Lebens, Fischer, Frankfurt S. 8, 76, 86, 101–102 (2005)

Ward, R., Brownlee, D.: Rare Earth, Springer S. 222 (2004)

11
Die Suche nach außerirdischen Intelligenzen

Der Horizont der meisten Menschen ist ein Kreis mit dem Radius 0.
Und das nennen sie ihren Standpunkt.

Albert Einstein (1879–1955)

In den 1920ern erschien in der New York Times ein bemerkenswerter Artikel, in dem gesagt wurde, dass Raketen im Vakuum nicht funktionieren können, da im Vakuum nichts vorhanden wäre, das gegen die ausströmenden Gase drücken (Newtons drittes Gesetz actio = reactio) und somit die Rakete nicht nach vorne beschleunigt werden würde. Heute wissen wir, dass Raketen nichts zum Verdrängen brauchen und dadurch funktionieren, in dem sie Materie ausstoßen – kaum 40 Jahre später spielte Alan Shepard bei der Apollo-14-Mission Golf auf dem Mond.[1]

Die Geschichte der Wissenschaft ist voll von ähnlichen Beispielen, wobei auch die größten Genies vor Fehleinschätzungen nicht gefeit waren. Doch leider haben wir heute noch immer ein großes Problem, das uns bei der Erforschung des Universums behindert und das ist unsere primitive Art zu reisen.

Deswegen kamen Forscher der Cornell University auf die Idee, statt mit Sonden oder bemannten Raumschiffen nach Außerirdischen zu suchen, Radioteleskope zu benutzen, um nach künstlichen Signalen zu lauschen. Schließlich gehört es seit den Anfängen der Philosophie im antiken Griechenland zum guten Ton, von deren Existenz auszugehen, und die wissenschaftliche Gemeinde war im Lauf der Jahrhunderte mal mehr mal weniger Feuer und Flamme für diese Idee. Der berühmte Mathematiker Carl Friedrich Gauss (1777–1855) vertrat im 19. Jahrhundert sogar die Auffassung, dass man ins sibirische Grasland riesige geometrische Figuren wie Dreiecke und Ellipsen mähen sollte, um mögliche Mondbewohner auf uns aufmerksam zu machen.[2] Auch Robert Goddard (1882–1945), einer der Pioniere der Raketentechnik, war der Meinung, dass es noch weitere erdähnliche Planeten gibt, auf denen auch menschenähnliche Wesen existieren, und man nach diesen suchen sollte.

---

[1] Shostak (2009, S. 7).
[2] Ebenda, (S. 29).

Und die erste Nachricht von einer fremden Zivilisation glaubte niemand Geringeres als Nikola Tesla, der Pionier des Wechselstroms und der Magnetfelder, während eines Experiments 1899 empfangen zu haben.[3]

Einer der besagten Wissenschaftler der Cornell University war Frank Drake und er war es auch, der die berühmte Drake-Gleichung aufstellte, die sich mit der Anzahl der extraterrestrischen Zivilisationen beschäftigt mit denen wir in Kontakt kommen könnten – seine Antwort lautet 2,31. Doch muss man dazu sagen, dass diese Formel noch viele Unbekannte enthält, die geschätzt werden müssen, weshalb sich der wissenschaftliche Wert dieser Formel in Grenzen hält.

$$N = R * fp * ne * fl * fi * fc * L$$

N = Ist das Ergebnis der Drake-Gleichung und gibt die Anzahl der intelligenten Zivilisationen in der Milchstraße vor, die heute existieren und mit denen wir in Kontakt treten könnten.

R = Gibt die Sternentstehungsrate einer Galaxie wieder und beträgt für unsere Milchstraße etwa 10 Sterne pro Jahr.

fp = Beschreibt den Anteil der Sterne, die ein Planetensystem besitzen und nach aktuellen Erkenntnissen haben 30 % aller Hauptreihensterne auch Planeten.

ne = Ist die mittlere Anzahl von Planeten in einem Planetensystem, die eine Ökosphäre besitzen, sprich in der habitablen Zone um einen Stern liegen, und dieser Wert ist recht schwer zu schätzen, doch dank immer besserer Teleskope wird es uns schon bald möglich sein, einen realistischen Wert für ne zu benutzen. In unserem Sonnensystem erfüllen die Planeten Venus, Erde und Mars diese Bedingung, und unter den Exoplaneten liegt zumindest Kepler-22b sicher in der lebensfreundlichen Zone während Gliese 581 c möglicherweise dazu gehört.

fl = Behandelt die Anzahl der Planeten, die tatsächlich Leben hervorbringen, und auch hier haben wir noch nicht genügend Daten gesammelt, um eine fundierte Aussage treffen zu können, denn bisher wissen wir nur von einem Planeten im Universum, dass dieser Leben hervorgebracht hat, nämlich unsere Erde.

fi = Anteil solcher Biosphären, auf denen sich intelligentes Leben bildet und wie im vorherigen Kapitel behandelt, ist die Frage, wie man „Intelligenz" beurteilt, nicht einfach zu beantworten. Es herrscht aber wissenschaftlicher Konsens darüber, dass mikrobakterielles und einfaches Leben wesentlich weiter verbreitet im Universum sind als intelligentes Leben.

fc = Beschreibt den Anteil solcher Zivilisationen, die fortschrittliche Kommunikationsmittel entwickeln. Da man Telegrafenmeldungen nicht hierzu rechnen kann, und abhörbare Kommunikationsmittel erst mit

---

[3] Schneider (1997, S. 221).

den Radiowellen auftraten, sendet auch die Menschheit erst seit 80 Jahren Signale aus, die eine fremde Intelligenz auffangen könnte. Ob eine andere Zivilisation ebenfalls solche Signale ausstreut und wenn ja, wie lange, ist aber hochspekulativ.

L = Gibt die mittlere Lebensdauer einer technisch hoch entwickelten Zivilisationen an, und auch wenn der Kalte Krieg zu Ende ist, kann sich die Menschheit auch heute noch leicht durch einen Atomkrieg selbst auslöschen. Und dabei ist der moderne Mensch gerade einmal 160 000 Jahre alt, lebt seit knapp 10 000 Jahren „zivilisiert" und sendet noch keine 100 Jahre technische Signale aus. Weshalb auch dieser Wert rein spekulativ ist, zumal nicht nur unser eigenes Handeln, sondern auch ein Asteroideneinschlag, ein Klimawechsel oder die Zerstörung der Ozonschicht unserem Dasein ein jähes Ende bereiten könnten.

Doch ging die Drake-Gleichung noch davon aus, dass flüssiges Wasser nur auf einem Planeten mit dem richtigen Abstand zur Sonne existieren könnte. Heute dagegen liegen, dank der Galileo-Sonde, Erkenntnisse über den Jupitermond Europa vor, die vermuten lassen, dass dieser unter seiner Eiskruste einen salzhaltigen Ozean besitzt. Durch die Gezeitenkräfte des Jupiters, die aufgrund seiner elliptischen Umlaufbahn an dem Mond zerren, könnte dieser Mond immer noch geologisch aktiv sein, sodass mögliche Lebewesen zwar nicht die Fotosynthese, dafür aber die heißen Quellen als Energiequelle nutzen könnten. Deshalb kann Leben nicht nur auf erdähnlichen Planeten entstanden sein, sondern auch auf einem der zahlreichen Monde um einen Gasriesen.

Der Beginn der Suche nach E. T.

Die Anfänge von SETI in Green Bank Anfang der 1960er Jahre, als gerade das National Radio Astronomy Observatory entstand, waren sehr bescheiden. Projekt Ozma, benannt nach dem Zauberer von Oz, war das erste Projekt für die Suche nach außerirdischen Signalen. Man benutzte ein 26-Meter-Radioteleskop und suchte nach gepulsten Signalen auf einem schmalen Frequenzband bei einer Wellenlänge von 21 Zentimetern, der Strahlung des Wasserstoffatoms, da Giuseppe Cocconi und Philip Morrison 1959 einen Artikel mit dem Titel „Suche nach interstellarer Kommunikation" in der Zeitschrift Nature veröffentlichten, in dem sie genau diese Frequenz für die Suche nach extraterrestrischen Signalen vorschlugen. Die ersten Sterne, die untersucht wurden, waren die beiden sonnenähnlichen Sterne Epsilon Eridani und Tau

Ceti.[4] Dabei konnte nur ein Radiokanal überwacht werden, während mit moderner Technik hingegen Millionen von Kanälen gleichzeitig überprüft werden können.

Dennoch war der berühmte Astronom und Buchautor Carl Sagan von der Idee fasziniert, und er war einer der ersten, der darauf aufmerksam machte, dass unsere Sonne noch relativ jung ist, und dass uns außerirdische Zivilisationen Millionen oder Milliarden Jahre voraus sein könnten, was ihnen ungeahnte technische Möglichkeiten eröffnen würde – was es gleichzeitig aber unwahrscheinlicher erscheinen lässt, dass eine so weit fortgeschrittene Intelligenz mit Radiowellen kommunizieren würde. Ferner könnten sie ihre Signale auch stark verschlüsseln, um Energie zu sparen oder unentdeckt zu bleiben. Anfang der 70er Jahre schaltete sich Bernard Oliver, Vizepräsident von Hewlett Packard, in die Diskussion ein und schlug eine weitere Frequenz vor und zwar die Emissionslinie der Hydroxylgruppe, welche aus einem Wasserstoff- und einem Sauerstoffatom besteht. Heute bezeichnet man diesen Bereich auch als „Wasserloch".[5]

SETI muss also mit einer ganzen Reihe von Problemen kämpfen. Zum einen wissen wir nicht, in welchem Frequenzbereich eine außerirdische Zivilisation senden würde, deshalb konzentriert man sich beim SETI-Projekt auf den Frequenzbereich zwischen 1 und 3 Gigahertz, also den Bereich zwischen 30 und 10 Zentimetern Wellenlänge, die nahe der Wellenlänge von 21 Zentimetern des Wasserstoffs (1,42 GHz) liegen. Dies impliziert aber die Annahme, dass Außerirdische ähnlich denken wie wir. Ferner sendet jeder materielle Gegenstand auch elektromagnetische Strahlung aus, dessen Strahlungsmaximum bei einer Frequenz liegt, die durch die absolute Temperatur des Gegenstandes bestimmt wird. Hinzu kommt die periodische Strahlung von Pulsaren oder die gewaltige Strahlung eines Gamma Ray Bursts (GRBs), die strahlenförmig wie bei einem Leuchtturm austritt. Mit anderen Worten, es rauscht gewaltig im Universum und dies schränkt unsere Möglichkeiten zur Kommunikation bzw. zum Aufspüren eines außerirdischen Signals sehr ein. Hinzu kommt, dass sich Radiowellen zwar im Vakuum geradlinig ausbreiten, doch ist das interstellare Medium mit Gas- und Staubpartikeln angereichert und mit quasistationären magnetischen Feldern erfüllt, wodurch die Radiowellen gestört werden, indem diese absorbiert, reflektiert oder gebeugt werden. Dies führt zu Fluktuationen in der Signalstärke und oder zu einer Phasenverschiebung, wodurch sich die Wellen verstärken aber auch auslöschen können.[6]

Doch hat SETI nicht nur mit technischen Schwierigkeiten zu kämpfen, sondern vor allem mit politischen, denn mehr als einmal wurde die Finanzierung von SETI vom US-Kongress gekippt. So zum Beispiel 1972, als

---

[4] Horner, (S. 80).
[5] Schneider (1997, S. 219).
[6] Swenson (S. 72–75).

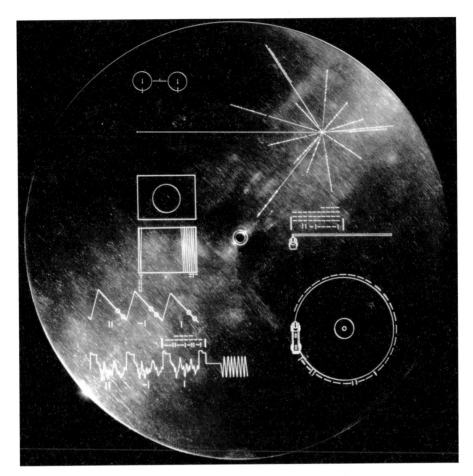

Abb. 11.1 Goldene Hülle der Schallplatte „Sounds of Earth" der Voyager-Sonden 1 und 2. © NASA

beschlossen wurde, dass die National Science Foundation (NSF) dieses Projekt nicht länger unterstützen darf. Obwohl andere, eher zweifelhafte Aktionen gefördert wurden, so bekam ein Projekt grünes Licht, bei dem eine sorgfältig verschlüsselte Botschaft für außerirdische Wesen in den Weltraum gesendet werden sollte. 1974 wurde diese Nachricht von 1679 Bits chiffriert und mithilfe des riesigen Arecibo-Radioteleskops in Puerto Rico in Richtung des Kugelsternhaufens M13 geschickt, der rund 25 100 Lichtjahre von der Erde entfernt ist. Ähnlich wie bei der Pioneer-10-Plakette und den Schallplatten der beiden Voyager-Sonden (Abb. 11.1) schufen die Wissenschaftler für diese kurze Botschaft eine Schablone, auf der die Lage des Sonnensystems eingezeichnet ist, allerdings dieses Mal in digitaler Form – bestehend aus Einsen und Nullen. Außerdem beinhaltete die Sendung die Zeichnung einer menschlichen Gestalt sowie einige chemische Formeln. Wegen der riesigen Entfernungen wird mit einer Antwort aus dem Weltraum aber frühestens in 52 174 Jahren zu rechnen sein.

Wow-Signal oder woran erkennt man außerirdische Kontaktversuche?

Im Jahr 1977, genauer gesagt am 15. August um 23:16 Uhr Ortszeit, entdeckte man mit dem Big Ear Radioteleskop der Ohio State University im Rahmen des SETI-Projekts das sogenannte Wow-Signal. Dabei handelt es sich um die Anmerkung „Wow!" des Astrophysikers Jerry Ehmans in roter Farbe neben dem Zeichencode „6EQUJ5" auf einem Signalausdruck. Die Signalstärke wurde dabei in Zahlen von 1 bis 9 und nach „9" in Buchstaben von A bis Z angegeben, wobei „Z" die stärkste Intensität repräsentiert. Das Signal war 30 Mal stärker als das Hintergrundrauschen und damit sehr intensiv. Es war zudem sehr schmalbandig (es tauchte nur auf einem der 50 überwachten Kanäle auf, während natürliche Signale von Neutronensternen, Quasaren usw. breitbandig sind), es lag nahe der Radiostrahlung des neutralen Wasserstoffs (HI-Linie) und wurde für 72 s empfangen (bei einem starren Teleskop wie dem Big Ear Radioteleskop, das den Himmel scannt, erwartet man wegen der Erdrotation, dass ein Signal nach 36 s seinen Höhepunkt erreicht und danach wieder abfällt). Es erfüllte also viele Kriterien, die man von einem künstlichen, außerirdischen Signal erwarten würde. Trotz intensiver Nachforschungen konnte die Natur des Signals aber bis heute nicht geklärt werden, und dies, obwohl die abtrusesten Fehlerquellen angeführt wurden und die Himmelsregion, aus der das Signal kam, aus der Nähe der drei Sternsysteme des Chi Sagittarii im Sternbild Schütze, seitdem mehrmals überwacht wurde.[7]

Das Wow-Signal ist bis heute das einzige erwähnenswerte Signal, das durch SETI in den letzten 50 Jahren aufgefangen wurde, und dies ist wahrlich nicht viel, denn es wurde nur einmalig aufgezeichnet und konnte von keiner anderen Quelle bestätigt werden. Wer jetzt denkt, dass das Big-Ear-Radioteleskop bestimmt heute ein Museum ist, dem muss ich leider mitteilen, dass es 1998 abgerissen wurde, um auf dem Gelände einen Golfplatz zu errichten – und dies trotz der Tatsache, dass hier die bislang längste Suche nach extraterrestrischen intelligenten Signalen durchgeführt wurde, die auch im Guinness-Buch der Rekorde vermerkt ist. Aber Wissenschaft ist vielleicht auch nicht ganz so sexy wie Karohosen.[8]

Lieblingsfeindbild der US-Politik

1993 wurde wieder einmal nach kurzer Zeit die Unterstützung, dieses Mal durch die NASA, für das SETI-Programm durch den US-Kongress auf

---

[7] http://www.bigear.org/Wow30th/wow30th.htm (06.05.2010).
[8] http://www.bigear.org/guinness.htm(06.05.2010).

Betreiben des Demokraten Richard Bryan (Senator von Nevada) unterbunden und dies, obwohl der Aufwand für SETI sehr gering war. Mit etwas mehr als 12 Mio. US-Dollar waren dies weniger als 0,1 % des Budgets der NASA, und nur wenige Dutzend Ingenieure und Wissenschaftler waren involviert gewesen.[9] Doch nur wenige Tage später wurde SETI als spendenfinanzierte Non-Profit-Organisation neu gegründet und die ersten privaten Gelder eingesammelt, um ein für alle Mal unabhängig von den politischen Querelen zu sein. Die ersten Unterstützer waren William Hewlett und David Packard, sowie Gordon Moore, Mitbegründer von Intel, und Paul Allen, Mitbegründer von Microsoft, der sich auch sehr großzügig bei dem nach ihm benannten Allen Telescope Array zeigte. Bei diesem aktuellen Projekt wird nicht mehr auf die vorhandene Struktur an Radioteleskopen zurückgegriffen, sondern von Grund auf neue Radioteleskope speziell für die Bedürfnisse von SETI entwickelt. Es wird zunächst aus 42 einzelnen Satellitenschüsseln bestehen, statt aus einer großen, da so die Kosten gesenkt werden konnten, und könnte später auf bis zu 350 Schüsseln erweitert werden.[10]

Wie klingt außerirdisch?

Es ist davon auszugehen, dass je intelligenter die außerirdische Spezies ist, mit der wir eventuell in Kontakt treten, sie eine umso komplexere Sprache aufweisen wird, die uns wahrscheinlich einige Mühe bereiten wird, sie zu verstehen. Weiterhelfen könnte uns in diesem Fall die Informationstheorie, die 1948 von Claude Elwood Shannon (1916–2001) veröffentlicht wurde. Denn schon auf der Erde fällt es uns schwer, mit anderen Spezies zu kommunizieren, so bedeutet ein Lächeln, bei dem wir die Zähen zeigen, für einen Wolf oder Hund Aggressivität, während dies ein Affe als Angst interpretieren würde.

Zivilisationsgrade

Der Astrophysiker Nikolai S. Kardaschow von der Russischen Akademie der Wissenschaften entwarf die Kardaschow-Skala, um Zivilisationen zu klassifizieren, die er 1964 publizierte. Dabei unterscheidet Kardaschow drei unterschiedliche Typen.

- Zivilisationen von Typ I sind in der Lage, alle verfügbaren Energien eines Planeten zu nutzen und das gesamte Sonnenlicht, das auf einen Planeten trifft, zu verwerten. Sie könnten also alle Naturkräfte wie Blitze, Vulkane, Gezeiten und Erdbeben zur Energiegewinnung heranziehen.

---

[9] Shostak (2009, S. 155–156).
[10] Shostak (2009, S. 184–187).

- Typ-II-Zivilisationen hingegen können sich sämtliche Energien eines Planetensystems zunutze machen, indem sie etwa eine Dyson-Sphäre, benannt nach dem Physiker Freeman Dyson, der die Idee für solch ein künstliches Gebilde 1960 in einem Artikel in Science veröffentlichte, um einen Stern bauen, um den gesamten Energieausstoß einer Sonne optimal nutzen zu können. Für solch eine Zivilisation würde es fast keine Gefahrenpotenziale mehr geben, denn Meteoriteneinschläge, Eiszeiten oder die Strahlung einer Supernova wären für sie nicht länger bedrohlich, da sie notfalls das eigene Sonnensystem verlassen könnten.
- Ab Typ III wäre eine Zivilisation nahezu unsterblich, da sie die gesamte Energiemenge einer Galaxis verwerten könnte. So eine Zivilisation hätte alle möglichen Planeten kolonisiert und wäre selbst in der Lage, die Energie von Supermassiven Schwarzen Löchern, die sich im Zentrum der meisten Galaxien befinden, anzuzapfen.[11]

Unsere Zivilisation hingegen ist noch viel zu primitiv die Kriterien für Stufe I zu erfüllen. Wir stützen unsere Energieversorgung zu großen Teilen auf fossile, d. h. tote organische Brennstoffe wie Kohle oder Öl, die einer Zivilisation nur begrenzte Zeit zur Verfügung stehen und zumindest das Öl wird uns in diesem Jahrhundert noch ausgehen. Auch das Uran ist endlich und wir nutzen bislang nur einen Bruchteil des verfügbaren Sonnenlichts. Ferner gibt es oft nicht einmal Konzepte, die Energie der oben erwähnten Naturkräfte nutzbar zu machen, abgesehen von Gezeitenkraftwerken.

Angst vor der Invasion vom Mars

Dank Fernsehsendungen wie Star Trek, das 1966 debütierte, sind extrasolare Planeten und außerirdische Lebensformen in unserer heutigen Kultur nichts Ungewöhnliches mehr. Doch dies war nicht immer so.

1873 stellte der Astronom Camille Flammarion (1842–1925) vom Pariser Observatorium die These auf, dass die dunklen Flecken auf dem Mars durch eine Vegetation verursacht werden. Heute wissen wir, dass diese vornehmlich aus basaltischem Vulkangestein bestehen. Flammarion war der festen Überzeugung, dass auch andere Planeten bewohnt sind und veröffentlichte bereits 1861 sein viel beachtetes Werk *La pluralité des mondes habités* (Die Mehrheit bewohnter Welten). Im Jahr 1877 war Giovanni Schiaparelli (1835–1910), Direktor des Mailänders Observatoriums, gar der Auffassung, künstliche Kanäle auf dem Mars entdeckt zu haben und nannte diese *canali*. Man deutete

---

[11] Kaku (2009, S. 190–191).

dies als Versuch einer fortgeschrittenen Marszivilisation gegen den chronischen Wassermangel anzukämpfen. Zwar gab es auch Astronomen, die an der Entdeckung zweifelten, doch bekam Schiaparelli unter anderem Unterstützung von Percival Lowell (1855–1916), dem Nachfahren einer wohlhabenden Bostoner Familie. Dieser gründete in Flagstaff, Arizona, das Lowell-Observatorium und brachte es als Astronom zu einigem Ansehen, weshalb heute auch ein Krater auf dem Mars nach ihm benannt ist.[12] Die Idee der Marskanäle fand noch bis in die 1920er Jahre Unterstützer und wurde wohl erst endgültig durch die Ankunft der Mariner-4-Sonde am Roten Planeten, im Sommer 1965, widerlegt.

Der feste Glaube an Marsbewohner führte jedoch am 30. Oktober 1938 zu einer Invasion vom Mars, zumindest dachten dies die Zuhörer der Radiostation CBS an der US-Ostküste an diesem Tag. Orson Welles inszenierte nämlich das Hörspiel „Krieg der Welten", basierend auf H. G. Wells Roman von 1898, und verlagerte den Schauplatz vom viktorianischen England nach New Jersey der 1930er Jahre. Zwar lief zu Beginn der Sendung ein Prolog, in dem klargestellt wurde, dass es sich nur um eine Inszenierung handelt, doch hatte ein Großteil der Hörer dies nicht gehört, da auf einem anderen Sender noch das ziemlich beliebte Programm von Edgar Bergen mit seiner Bauchrednerpuppe Charlie McCarthy lief. Anschließend folgte ganz normale Tanzmusik, als plötzlich eine Stimme verkündete: *„Meine Damen und Herren. Wir unterbrechen unser Musikprogramm für eine wichtige Mitteilung: Heute Abend um zwanzig vor acht hat Professor Farrell vom Mount Jennings Observatory einige Explosionen auf dem Planeten Mars beobachtet, die sich mit enormer Geschwindigkeit Richtung Erde bewegen."*[13]

Das Ganze war natürlich nur der Auftakt und die Sendung war sehr dramatisch gestaltet: Marsianer landeten auf der Erde, setzten mit ihren Todesstrahlen ganze Landstriche in Flammen und versprühten Giftgas. Hinzu kam, das Orson Welles den Schauspieler Kenny Delmar beauftragte, den amtierenden US-Präsidenten Franklin D. Roosevelt täuschend echt zu imitieren und unglücklicherweise lief die 60-minütige Sendung ohne Werbeunterbrechungen, weshalb viele Zuhörer glaubten, nun wirklich einer Invasionsarmee vom Mars gegenüberzustehen. Panik und Angst verbreiten sich wie ein Lauffeuer in der Bevölkerung, und nicht nur das, zahlreiche Menschen wandten sich an die Polizei, was das Telefonnetz überlastete, während andere mit ihren Familien flohen, und manche sich gar bewaffneten und in den Krieg gegen die übergroßen Tripods vom Mars zogen – oder besser gesagt gegen alles, was sie für solche hielten, weshalb z. B. auch der Wassertank eines Farmers attackiert

[12] Shostak (2009, S. 29–30).
[13] Lorenzen (2004, S. 47).

wurde. Das US-Militär glaubte hingegen nicht an eine Invasion vom Mars –
dort hielt man es für wahrscheinlicher, dass es sich um eine Invasion von
Nazi-Deutschland handelte.[14,15]

Als sich langsam die Nachricht durchsetzte, dass alles nur Fiktion und nicht
real war, schlug die Stimmung von Angst in Wut um, Wut auf Orson Welles,
und die meisten forderten förmlich seinen Kopf, weshalb er sich öffentlich
entschuldigte.

Zeitungen aus den ganzen USA hatten am nächsten Tag nur ein Thema
auf der Titelseite. Die New York Times schrieb: „Radio Listeners in Panic,
Taking War Drama as Fact" und berichtete sogar von einer Massenpanik in
einem New Yorker Theater, als sich die Nachricht von der Invasion vom Mars
verbreitete. Auch die Los Angeles Times vermeldete: „Radio Story of Mars
Raid Causes Panic" und die Daily News schrieb gar: „FAKE RADIO ‚WAR'
STIRRS TERROR THROUGH U.S." Die Ereignisse werden heute für ein
Musterbeispiel für eine Massenpanik, die durch die begrenzten Kommunika-
tionsmittel zur damaligen Zeit begünstigt wurde, gesehen.

Doch damit nicht genug, 1949 wurde das Stück in Ecuador aufgeführt und
löste wiederum eine Panik aus, doch anders als in den USA waren die Menschen hier so wütend, als sie erfuhren, dass alles nur Fiktion war, dass sie den
Radiosender stürmten und das Gebäude in Flammen setzten, wobei mehrere
Menschen starben.

In den 1950er Jahren entdeckten die Astronomen ein seltsames Zeichen
auf dem Mars, das wie ein „M" aussah und einen Durchmesser von mehreren Hundert Kilometern hatte. Viele Kommentatoren der damaligen Zeit
äußerten den Gedanken, dass das „M" für Mars steht und eine marsianische
Zivilisation so auf sich aufmerksam mache wolle, während andere meinten,
dass es sich nicht um ein „M", sondern um ein „W" handelt, und dies eine
Kriegserklärung (engl. „War") sein könnte. Doch verschwand bald darauf
das geheimnisvolle Zeichen und aller Wahrscheinlichkeit nach wurde es nur
durch einen der häufigen Sandstürme auf dem Mars verursacht, der nur die
Spitzen von 4 großen Vulkanen verschonte, wodurch vorübergehend die va-
gen Umrisse eines „M" oder „W" erkennbar waren.[16]

Zuletzt hatten Bilder des Viking Orbiters 1976 für Aufregung gesorgt,
da man auf einem der Bilder aufgrund eines Spiels von Licht und Schatten
die Züge eines menschenähnlichen Gesichtes deuten konnte. Erst die Sonde
Mars Global Surveyor brachte 2001 ein neues, schärferes Bild (Abb. 11.2),
auf dem man ganz klar sehen kann, dass es sich hier nur um eine natürliche
Felsformation handelt.

---

[14] Beyond the War of the Worlds (2005).
[15] Martian Mania (1998).
[16] Kaku (2009, S. 170).

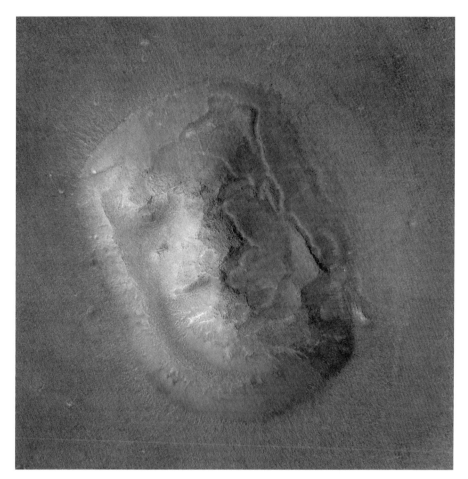

Abb. 11.2   Aufnahme der Mars-Global-Surveyor-Sonde vom „Marsgesicht". © NASA/
JPL/Malin Space Science Systems

Wie könnten intelligente Außerirdische aussehen?

Da heute selbst der Vatikan kein Problem mehr in der Existenz von Außerirdischen sieht, selbst wenn diese höher entwickelt sind als wir, wie der Chefastronom des Vatikans Pater José Gabriel Funes in einem Interview im Mai
2005 klarstellte,[17] wollen wir anhand wissenschaftlicher Fakten darüber spekulieren, wie intelligentes außerirdisches Leben aussehen könnte, und natürlich dient auch hier das Leben auf der Erde als Referenz, auch wenn man dies
als „Erdchauvinismus" bezeichnen könnte.

---

[17] http://www.spiegel.de/panorama/0,1518,553100,00.html (28.04.2010).

Sehr wahrscheinlich ist, dass sich der durchschnittliche Außerirdische nicht groß von uns unterscheiden wird, solange er ebenfalls auf Kohlenstoffbasis aufgebaut ist. Aber wie kann das sein? Die einfache Antwort, da sich auch auf einen fremden Planeten das Leben vom einfachsten bakteriellen und archaischen Leben zu eukaryotischem Leben entwickelt haben müsste. Die Evolution verläuft also auch auf einem fremden Planeten von einfachsten zu komplizierteren Lebewesen, und deshalb gibt es ein paar Merkmale, die womöglich universell sind. So wird auch ein intelligentes außerirdisches Wesen Augen besitzen, die wahrscheinlich nach vorne und nicht zur Seite gerichtet sind, da dies ein typisches Merkmal von Raubtieren auf unserem Planeten ist, um besser räumlich sehen zu können, und sie eine höhere Intelligenz als ihre Beutetiere aufweisen. Allerdings bedeutet dies nicht zwangsläufig, dass es sich um einen Fleischfresser handelt, denn auch Primaten und Bären besitzen diese Eigenschaft und bei ihnen handelt es sich um Allesfresser, wobei insbesondere der Große Panda ein reiner Pflanzenfresser ist. Ferner wird sich in unmittelbarer Nähe der Augen ein Gehirn befinden, da die Augen nun einmal primär sind, um eine Gefahr wie einen Feind zu erkennen und der Informationstransport schnell gehen muss. Es wird einen Mund haben, um Nahrung zu sich nehmen zu können, und in dessen Nähe wird sich ein Riechorgan befinden, weil auch Säugetiere, bevor sie etwas Fremdes essen, erst einmal daran riechen. Außerdem wird es zwei bis vier Gliedmaßen mit Fingern haben, um Werkzeuge benutzen oder Nahrung sammeln zu können, und seine Fortbewegung wird höchstwahrscheinlich auch nur auf zwei oder vier Beine beschränkt sein, da zu viele Gliedmaßen das Gehirn mit deren Koordination auslasten würden und auf der Erde nur Landlebewesen mit vier Gliedmaßen Zeichen von Intelligenz aufweisen, seien es nun Vögel mit zwei Beinen und zwei Flügeln, Lebewesen mit vier Beinen wie Hunde oder Katzen und Affen mit zwei Beinen und zwei Armen und auch der Mensch ist nur der intelligenteste Vertreter der Hominidae (Menschenaffen). Während Insekten mit ihren sechs Gliedern allenfalls eine „Schwarmintelligenz" besitzen. Ferner ist ein bedeutendes Merkmal bei der überwiegenden Mehrzahl der irdischen Lebewesen die Symmetrie, da es nur wenige Lebewesen gibt, die nicht symmetrisch aufgebaut sind.

Doch wird es auch Unterschiede geben, die vor allem durch die örtlichen Gegebenheiten bedingt sind und hier sind in erster Linie der Spektraltyp des Sterns sowie der Abstand zu diesem zu nennen. Ferner spielen auch die Schwerkraft des Planeten sowie die Zusammensetzung der Atmosphäre eine wichtige Rolle. Unsere Sonne gehört zum Spektraltyp G und ist an ihrer Oberfläche fast 5800 K heiß, doch die meisten Sterne in der Milchstraße gehören einem anderen Spektraltyp an, nämlich dem Spektraltyp M. Diese Roten Zwerge machen fast 70 % der Sterne in der Milchstraße aus und die meisten Sterne dieses Typs haben gerade einmal 10 % der Masse der Sonne und sind an der Oberfläche nur zwischen 2200 und 3 800 K heiß, dies bedeutet aber auch, dass die lebensfreundliche Zone sehr viel näher am Stern liegt, als bei einem sonnenähnlichen Stern. Ferner strahlen Rote Zwerge vornehmlich langwellige Strahlung aus, dies bedeutet vor allem rötliches Licht und auch Infrarotstrahlung, doch kommt es auf ihnen relativ häufig zu Sonneneruptionen, die sich aufgrund des geringen Abstandes zwischen dem Stern und dem lebensfreundlichen Planeten negativ auswirken könnten. Dennoch wäre das Leben auf so einem Planeten an deutlich weniger Licht gewöhnt als die UV-Strahlung der Sonne, die das Leben auf der Erde auch nur dank der Ozonschicht erträgt. Aber auch auf unserem Planeten gibt es Lebewesen, die nachtaktiv sind und ihr Leben anderen Lichtbedingungen angepasst haben. Ursprünglich waren viele Säugetiere auf unserem Planeten auch nur an die Dunkelheit gewöhnt, weshalb nur wenige Arten das Farbsehen entwickelten, Hunde zum Beispiel sehen ein deutlich schwächeres Farbspektrum, nur im grünen und blauen Spektralbereich, als die Primaten.

Welche Auswirkungen die Schwerkraft auf einen Planeten haben kann, ist erkennbar, wenn man die irdischen und marsianischen Vulkane miteinander vergleicht. Der Mars hat nur rund ein Drittel der Schwerkraft der Erde und besitzt deswegen mit Olympus Mons auch den größten Vulkan des Sonnensystems mit einer Höhe von über 25 km, während die irdischen Vertreter, wie zum Beispiel der Mauna Loa auf Hawaii, deutlich kleiner sind. Ein kleinerer und masseärmerer Planet besitzt also eine geringere Schwerkraft und Schuld daran ist das von Isaac Newton aufgestellte Gravitationsgesetz, wo die Masse eines Planeten im Zähler und der Radius quadratisch in den Nenner eingehen. Deswegen könnten sich auf einer kleineren Welt auch größere und schwerere Lebewesen an Land bewegen, während auf einer größeren Super-Erde die Schwerkraft wesentlich größer als auf der Erde wäre und wahrscheinlich nur kleinere und leichtere Lebewesen entstehen könnten.

Mit großer Sicherheit unterscheidet sich auch die Atmosphäre eines lebensfreundlichen Exoplaneten von der zu 78 % aus Stickstoff und zu 21 % aus Sauerstoff bestehenden Atmosphäre der Erde (die restlichen ein Prozent sind vorwiegend Edelgase, Kohlenstoffdioxid und Spuren anderer Elemente) und gerade der Sauerstoff könnte für andere Lebewesen sogar ein Zellgift sein. Die Lebewesen auf unserer Erde haben nämlich einen sehr speziellen Stoffwechsel und Enzyme und sind aufgrund der Fotosynthese seit Milliarden Jahren hieran gewöhnt. Außerirdische könnten also ein vollkommen anderes Atmungssystem haben, und was sie atmen, könnte vieles sein, von Schwefel- bis hin zu Kohlenstoffverbindungen. Doch da sich der Sauerstoff zumindest für das Leben auf der Erde bewährt hat, hat er sich womöglich auch auf anderen Welten durchgesetzt und der Sauerstoffgehalt einer Atmosphäre hat ebenfalls

Einfluss auf die Lebewesen. Vor 300 Mio. Jahren, als der Sauerstoffgehalt der Erdatmosphäre noch bei über 35 % lag, waren die Lebewesen deutlich größer, dank des besseren Energietransports. Interessant zu erfahren ist vielleicht noch, dass neben dem Spektrum des Sterns die Zusammensetzung der Atmosphäre einen entscheidenden Einfluss auf die Fotosynthese einer Welt hat, und es deswegen nicht unbedingt grüne Pflanzen auf einem anderen Planeten geben muss.[18]

Die Temperatur einer Welt hingegen unterliegt großen Schwankungen. Zu Zeiten, als noch die Dinosaurier über die Erde wanderten, war es noch durchschnittlich 14 °C wärmer als heute, während vor nur 100 000 Jahren die Erde ein eisiger Schneeball war und erst vor etwa 12 000 Jahren wieder auftaute.[19] In 500 bis 900 Mio. Jahren hingegen wird die Sonne 10 % heißer werden als heutzutage, da Sterne sich mit zunehmendem Alter immer weiter ausdehnen und ihren Kernbrennstoff immer schneller verbrennen. Was für das Leben auf der Erde dramatische Folgen haben wird, da sehr wahrscheinlich die lebensfreundliche Zone weiter nach außen wandern und höheres Leben auf unserem Planeten wohl nicht mehr möglich sein wird.[20]

Fermi-Paradoxon

Bisher hat weder das SETI noch irgendein anderes Programm den definitiven Beweis dafür erbracht, dass außerirdisches Leben existiert. Die Menschheit ist eine echte Neuentwicklung und gerade einmal 160 000 Jahre alt, wohingegen das Leben auf der Erde aber schon auf 3,8 Mrd. Jahre zurückblicken kann, und zumindest seit 700 Mio. Jahren existieren auch mehrzellige Organismen. Millionen von Jahren beherrschten die Dinosaurier die Erde, erst als sie ausstarben, bekamen die Säugetiere ihre Chance, und neben dem Leben auf der Erde könnte es auch auf anderen Körpern unseres Sonnensystems einfaches außerirdisches Leben geben. Deswegen müsste es auch nach pessimistischen Schätzungen zahlreiche außerirdische Zivilisationen in der Milchstraße geben, wovon die meisten Tausende, wenn nicht sogar Millionen von Jahren weiterentwickelt wären als wir. Der Kernphysiker Enrico Fermi formulierte deshalb 1950 das nach ihm benannte Paradoxon: *„Wenn es überall Außerirdische gibt, wo sind sie dann?"* Selbst nur eine intelligente Spezies könnte mit einer Raketentechnologie, die gerade einmal eine Reisegeschwindigkeit von einem Prozent der Lichtgeschwindigkeit erreicht (das schnellste von Menschenhand gebaut Objekt ist die New-Horizons-Sonde, die mit 84 000 km/h

---

[18] Meadows (2008, S. 276).
[19] Cole (2006, S. 398).
[20] Meadows (2008, S. 261).

nicht einmal ein Promille der Lichtgeschwindigkeit erreicht), innerhalb weniger Hundert Millionen Jahre die ganze Milchstraße besiedeln, ein Bruchteil des Alters unserer Galaxis.

Im Juli 1973 veröffentlichte der MIT-Astrophysiker John A. Ball im wissenschaftlichen Journal Icarus eine Hypothese, die für viel Aufsehen sorgte. Heute ist diese als „The zoo hypothesis" bekannt und sagt aus, dass es zahlreiche intelligente außerirdische Zivilisationen gibt, die auch von unserer Existenz wissen, aber aufgrund unserer Primitivität lieber einen Bogen um uns machen, um nicht unsere zivilisatorische Entwicklung zu beeinflussen.

Ferner diskutieren Forscher heute folgende Punkte:

- Interstellare Raumfahrt ist aufgrund der großen Distanzen zwischen den Sternen technisch nicht möglich.
- Interstellare Raumfahrt ist zwar technisch möglich, aber Außerirdische nutzen sie nicht wegen der Limitierung der Lichtgeschwindigkeit oder der Gefahren der interstellaren Strahlung (Supernova, Neutronensterne, relativistische Jets von Schwarzen Löchern usw.).
- Außerirdische bereisen zwar die Galaxis, sind aber bisher nicht bei uns aufgetaucht.
- Außerirdische haben die technischen Möglichkeiten und wissen von uns, wollen aber nicht mit uns in Kontakt treten.[21]

Ich persönlich halte den zuletzt genannten Punkt für am wahrscheinlichsten, und seien wir doch einmal ehrlich – wir können den Außerirdischen es nicht mal übel nehmen, dass sie nichts mit uns zu tun haben wollen, zumal wir nicht gerade dafür bekannt sind, zimperlich mit anderen Lebewesen umzugehen.

Aber es gibt noch Hoffnung. Als der britische Schauspieler Peter Mayhew im Oktober 2005 die US-Staatsbürgerschaft annahm, wurde der zuständige Beamte der US-Einwanderungsbehörde mit den Worten zitiert, dass er seinem Enkel niemals hätte erklären können, dass er „Chewbacca", bekannt aus Star Wars Episode III-VI, nicht ins Land gelassen hat.

Literatur

Beyond the War of the Worlds – Dokumentation des History Channel (2005)
Cole, G.: Wandering Stars, S. 398. Imperial College Press, Singapore (2006)
Crawford, I.: Ist da draußen wer? In: Zeitschrift SdW, Dossier Leben im All, S. 69
Horner, S.v.: Der wahre Wert von SETI. In: Zeitschrift SdW, Dossier Leben im All, S. 80
Kaku, M.: Die Physik des Unmöglichen, S. 170, 190–191. rororo (2009)

---

[21] Crawford (S. 69).

Lorenzen, D.H.: Mission Mars, S. 47. Kosmos (2004)

Martian Mania: The True Story of The War of the Worlds, Dokumentation von James Cameron (1998)

Meadows, V.: Planetary Environmental Signatures for Habitability and Life. In: Exoplanets, S. 261, 276. Springer, Heidelberg (2008)

Schneider, R.U.: Planetenjäger, S. 219, 221. Birkhäuser Verlag, Basel (1997)

Shostak, S.: Confession of an Alien hunter, S. 7, 29, 29–30, 155–156, 184–187. National Geographic Society (2009)

Swenson, G.W.: Interstellare Verbindungen. In: Zeitschrift SdW, Dossier Leben im All, S. 72–75

Index

Printing and Binding: Stürtz GmbH, Würzburg